ものつくりの
無機化学

宮崎 和英 著

大学教育出版

序

　本書はものつくりの化学の面白さと重要さを、主として無機系の分野の実務的エピソードを織り交ぜながら、著者が大学で学生たちと対話形式で講義した内容の一部を紹介したものである。
　従来難解とされていた化学方程式や数式の引用を最低限にとどめながら、新しい切り口でものつくりの無機化学に迫ろうと試みたものである。同時に、無機化学系の企業がいかに苦心して技術的課題に取り組んでいるかを、活き活きと学生諸君に伝えようと苦心した。企業の研究所長として若い技術者たちの教育に当たってきた著者の手法が随所に展開されている。
　したがって本書は、大学の教科書・参考書用はもちろん、化学系以外の企業の技術者の啓蒙書や一般市民向けの教養書としても好適であろうと思う。中学・高校の先生方にも1つの参考資料として、役立たせて頂けると思っている。
　文章のなかでゴシック体にした語句は、テクニカル・タームとして重要と思われるものであり、急ぎの読者はまずこれらを拾い読みしておいてポイントをつかみ、それからまた必要に応じてじっくりと読み返す、という読み方もできる。
　私は授業中に教壇からしばしば降りて、学生たちと対話をした。講義内容を中心とした一問一答を試みることによって、どのような点を学生たちが理解できていないか、どのように話を展開すれば理解度を上げてさらに興味深い話になるかを、自分自身のセンサーでキャッチしながら講義を進めた。
　一方、この10〜20年来、特に専門化が進み過ぎた結果、ピンの先でつついたような局部的な知識と意識に陥ってしまう弊が、一般に目立つようである。しかし有為な青年たちには、専門化のアリ地獄に陥ってほしくないと、私は常々思っている。だから、1つの事項から、どんどん話の関連性の輪を広げて、ときに突拍子もないようなトピックスも仲間に入れたりした。例えば顔料のと

ころで、鉛丹を製造するときの自触反応や、日本の伝統的工芸技術の1つである大島紬の話が登場するのは、そのような観点からである。

しかし、このような相互関連性の探索こそが、若い人たちに大いに望みたいことなのである。いわゆる総合力の涵養だ。そして読者自身の知識と意識の向上に、本書の考え方が少しでも役に立つならば、幸いこれに過ぎるものはない。

本書をまとめるにあたって、企業35年間と、引き続く大学12年間の蓄積や見聞に基づくように努力したが、浅学非才の著者は各種の成書や資料を参照させていただいた。巻末に掲げて、謝意と敬意を表する。また、著者の研究室の加藤貴史博士は、非常な労力と時間を割いて原稿を手際よく整理していただいた。感謝の念とともに特記しておきたい。また、本書の出版にあたり多大なご尽力をいただいた(株)大学教育出版の佐藤守氏はじめ、同社各位に心からお礼申し上げます。

本書には不備な点や、ときとして誤りもなしとしないであろう。それらは読者諸賢のご叱正によって、よりよき書物にしたいと念願している。

2002年6月15日

宮崎　和英

ものつくりの無機化学
目　次

序	……………………………………………………………	*i*
§1	海洋資源と海洋開発 ……………………………………	*1*
§2	食塩の電気分解 …………………………………………	*11*
§3	海水からのマグネシウムの回収 ………………………	*20*
§4	炭酸ソーダ ………………………………………………	*26*
§5	ガラス ……………………………………………………	*32*
§6	結晶とX線回折 …………………………………………	*36*
§7	結晶系 ……………………………………………………	*39*
§8	「最初に岩石ありき」 ……………………………………	*42*
§9	銅の熔錬 …………………………………………………	*48*
§10	銅の電解精製 ……………………………………………	*51*
§11	亜鉛 ………………………………………………………	*55*
§12	水素過電圧 ………………………………………………	*61*
§13	アルミニウム ……………………………………………	*64*
§14	アルミ工業における日本の立場 ………………………	*71*
§15	電池入門 …………………………………………………	*78*
§16	ネルンストの式 …………………………………………	*83*
§17	電池ポテンシャルと平衡定数との関係 ………………	*88*
§18	濃淡電池 …………………………………………………	*92*
§19	実用電池 …………………………………………………	*94*
§20	放電曲線 …………………………………………………	*101*
§21	電解二酸化マンガンの製造工程 ………………………	*105*
§22	アルカリマンガン乾電池 ………………………………	*110*
§23	機能性無機粉体材料 ……………………………………	*115*
§24	大島紬 ……………………………………………………	*118*
§25	無機物質製造時の自触反応の例 ………………………	*122*
§26	鉛バッテリー（鉛蓄電池） ……………………………	*126*
§27	ニッケル・カドミウム電池 ……………………………	*129*
§28	リチウムイオン二次電池 ………………………………	*131*

§29	水素貯蔵合金	135
§30	ニッケル水素電池	139
§31	燃料電池	142
§32	燃料電池による発電システム	147
§33	鉄の腐食と防蝕	150
§34	電気防蝕	155
§35	隙間腐食	157
§36	電子材料用金属の腐食と対策	160
§37	Mean Time To Failure (MTF: 故障に至るまでの平均時間)	166
§38	環境技術にも必要不可欠の電気化学	169

参考書および資料 ………………………………………………… 172

海洋資源と海洋開発

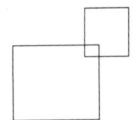

　写真1はオックスフォード大学の写真である。現地で買った絵ハガキのうちの1枚を持ってきた。尖塔がたくさん連なっている。そして森が深い。ホテルに泊まると、朝、小鳥の声で目を覚ます。この尖塔は昔の教会の建築様式である。オックスフォードは世界で一番古い大学の部類に入る。西暦1200年ぐらいに建った大学である。当時はキリスト教の教会が大学を始めた。イスラム教の世界や中国、日本の世界でもまた古くから学問は盛んだったが、いわゆる大学という名がつくようになったのはイギリスではオックスフォード、イタリアではボローニャ、フランスではパリであり、これらが世界で一番古い。オックスフォード大学から100年ぐらいたって枝分かれしたのがケンブリッジ大学である。このオックスフォード大学でロバート・ボイルという人が、PV＝（一定）、すなわち、ボイル・シャルルの法則（シャルルというのはフランス人だけれども）を発見した。ボイルの弟子にロバート・フックという人がいた。「フックの弾性の法則」で有名な人である。そういう科学上の原理がいろいろと、オックスフォード大学で発見された。もちろん神学から始まった大学だから、宗教や人文学に関する業績の方が圧倒的に多い。しかし、サイエンスの分野でもそういった発見がなされている。世界のいろいろの大学のありようを調べてみるのも面白いだろうと思う。

そこでものつくりの無機化学だが、我々は、いろいろなものを地球から授かっている。地球は半径約6400kmの大きな球体で、海あり陸ありで資源が埋蔵されている。地球資源の円グラフを描いてみよう。円の真ん中に直径の線を引いて二つに分ける。右の半円約50%（49.5）が酸素、こんどは左側をまた約半分に分けて、ケイ素29.7%。そして残りの面積をいくつかに分割してアルミが約7.4%、同じく鉄が約4.7%、カルシウムが3.4%、ナトリウムが2.6%、その他はすごく細切れになっていて、80元素ぐらいが入る。こういった元素の構成割合はずうっと中心部のマグマの方ではなくて、リンゴの皮のような表面つまり地殻の部分の元素構成割合だ。地殻というのは、地球の表面から平均10マイルまでの深さをいう。平均というのは大洋地域でいえば表面から約6 km、大陸部分の深さでいうと、平均35kmまでの部分である。だから、この円グラフの元素の分布というのは地殻の、しかもごく表面のことをいっている。クラークという人が地球上のあらゆるところから5159個のサンプルを採った。そして平均化学組成を出した値を**クラーク数**という。そのクラーク数から地殻の元素分布が分かる。とにかく、学問というのは地味なものだ。1924年に出版した本で、クラークはワシントンという人と一緒に、その数値を発表した。今から78年前のことである。地殻中の各元素の存在度は、その後、分析技術の進歩や地球化学的データの蓄積によって遂年その正確さを増してきているが、最初それに着目して精力的に仕事を行ったクラークの業績は高く評価されるべきである。

ところで、地球上に一番ありふれた鉱物、土の中にあるいわゆる粘土は$Al_2O_3 \cdot 2SiO_2 \cdot 2H_2O$という化学式で一般的に表される。粘土は大切な資源である。なぜこれが大事かというと、粘土がなかったら大部分のセラミックス製品や陶磁器はできない。それで、なおかつ注目してもらいたいこの粘土は、アルミニウム、ケイ素、および酸素が主成分である。あとは水素である。水素は、ボリュームとしてはかなりあるけれども重さとしては一番軽いから、その他大勢の組に入る。そういった意味で、粘土は地球に一番たくさんある元素を組み合わせてできているということになる。

ところで、酸素は陸上にも水中にもあるからこれは例外として、その次に多

§1 海洋資源と海洋開発　3

写真1　オックスフォードの静かな森に囲まれた大学町（絵ハガキより）。ホテルで朝、目をさますと小鳥の鳴き声に心がなごむ。

いケイ素の方は海水中に溶けていない。これはどうして海水中に溶けていないのか。理由は簡単である。ケイ素は空気中の酸素と化合すると二酸化ケイ素になる。ケイ素は裸で地球上に長く存在することはできないから、酸素と化合してSiO_2になっている。これは水に溶けるだろうか。諸君が一番よく知っているSiO_2は砂だ。もし砂が水に溶けるのであれば、海岸に砂は残っていないだろう。水に溶けないから残っているのである。アルミニウムも同じように海水に溶けない。同じく、アルミニウムが酸素と化合したらアルミナになる。これが水に溶けないことは何によって想像できるだろうか。ボーキサイトを思い出してほしい。ボーキサイトはアルミナの水和物である。$Al_2O_3 \cdot H_2O$というのもあるし、$Al_2O_3 \cdot 3H_2O$というのもある。ベーマイト型とギブサイト型である。これを水溶性にするには、苛性ソーダの水溶液を使って150〜200℃で圧力釜で処理しないといけない。それでアルミン酸ナトリウムというのをつくる。そのように激しい条件でないと水に溶けない。あと1つの考え方は宝石だ。ルビーとかサファイヤという宝石はアルミナである。地球のなかでマグマで加熱熔融されて、何万年もかけてゆっくり冷やされると、ものすごく立派なアルミナの結晶になる。そしてちょっとコバルトイオンやクロムイオンが入ると、青いサファイヤや赤いルビーができる。宝石がもし水に溶けたら宝石の意味がない。このよう

に、いろいろな考え方からアルミナは水に溶けないということが分かる。鉄の酸化物も水に溶けない。これはどうして分かるのだろうか。酸化鉄は錆である。錆は水に溶けないから赤茶けたまま存在している。このように順次考えていけば分かる。ところが、カルシウムやナトリウムは海水中に溶けている。ナトリウムはどういう格好で溶けているだろうか。相手のイオンは何か。そう、塩素イオンである。それから類推してカリウムやマグネシウムはどんな形で溶けているだろうか。塩化カリウムや塩化マグネシウム。その通りである。なぜか。それは海水中の塩素量が多いからである。

　それから転じて、塩化ナトリウム、つまり塩の話をすると、日本は海に囲まれているから、塩を採るのに非常に有利なはずである。昔は海水から塩を採っていた。遠浅を利用して、そこに塩田というものを作っていた。写真2を見てほしい。遠浅の海岸が田んぼみたいに広い。あぜ道みたいなところもある。海水が浸入してくるようにである。そしてさらに海水を引き込むために溝が切ってあって、塩田の表面には多数の縞模様がある。熊手で砂の表面をかく。そうすると細かい溝がたくさんできる。それにまた海水が流れ込んでくる。そして上から太陽が照りつける。これは瀬戸内海の風景だ。私は大学院を出て三井グループのある企業に就職した。そして広島県の竹原に赴任した。何にもなくて

写真2　昭和10年〜30年初め頃の広島県竹原付近の塩田風景
　　　　（太田雅慶編「写真集竹原」より）。

§1 海洋資源と海洋開発　5

写真3　昭和30年代における広島県竹原付近の流下式海水濃縮装置（太田雅慶編「写真集竹原」より）。この後になると、塩田は姿を消していった。

塩田ばかりだった。娯楽施設も何にもない。だから海岸を散歩して、よくこんな風景を見た。真ん中に井戸みたいなのが切ってある。ある程度濃くなった海水をこの井戸に入れるのだ。これをまた樽に入れて向こうの建家に運ぶ。そして釜に入れて薪を燃やして加熱し、水分を飛ばす。やがて飽和食塩水になったら加熱を止める。室温まで冷えると塩が結晶状の粒のかたまりになってできる。そのようにして塩を採っていた。しかし、これだとものすごく広い土地がいる。昭和30年代に入ると、次の世代の人が、違ったやり方を考えた。笹である。やぐらを組んで笹を立てかけている。流下式といって、海水をポンプアップして、笹の上からざーっと降らす。だんだん濃い海水ができると、それを集めて薪を燃やして濃縮した。これだと土地の有効利用ができる。その様子が写真3である。そうこうしているうちに塩田も笹のやぐらも姿を消していった。

　現在は海水を電気透析法によって濃縮する。これは海水淡水化装置というのとちょうど裏腹である。海水淡水化法は数十年前から世界中で開発されてきた。陰イオンと陽イオンのイオン交換膜を交互に何枚も使って電解槽中に多数の部屋を仕切り、そこに海水を入れて直流電流を通すと、イオン交換膜で仕切った部屋の中が、1つおきに真水、濃い食塩水、真水となる。この方式の工場が日本に7か所ある。1991年の時点で、約42万m^2ずつの陽イオンおよび陰イオン

交換膜を使用していたというデータがある。電力原単位は、1tのNaCl当たり約150kWhだ。濃縮液中のNaCl濃度は200g・dm^{-3}といわれる。最終的に塩にするには、できた濃い塩水（これをかん水というが）を多重効用缶でさらに水を蒸発させる。同じような蒸発缶が3つ並んでいる場合には三重効用缶という。右側に真空ポンプを置いて減圧にする場合、一番右の蒸発缶の真空度が一番高く、順次、真ん中のがその次に高く、左のが一番低い、すなわち普通の1気圧に近い。したがって、一番左に125℃の蒸気を入れてやれば、水は100℃で沸騰するから、かん水が約100℃で沸騰する。水だけ蒸発するわけである。できた塩は缶の下から出ていく。その右隣の蒸発缶に入った加熱蒸気は100℃だが、減圧になっているから、70℃くらいでも沸騰できる。水というのは100℃よりも低い温度で沸騰できる。余談になるが、富士山に登って、飯ごう炊さんをすると、煮えたはずのご飯がまだ煮えていない。どうしてだろうか。沸点が下がるからである。つまり富士山のてっぺんは大気圧が低いから、そのような状態では水は早く沸騰する。しかし、米というのは、90℃や80℃で炊くと、がちがちで中の芯が残っている。と同じように三重効用缶の真ん中の缶の中では、水が例えば70℃で沸騰してくれる。そして一番右側の缶はうんと真空ポンプに近いから、うんと低い温度で沸騰する、例えば40℃である。水だけどんどん飛んでいってくれるからかん水を濃縮することができる。これが多重効用缶の理屈である。燃料が非常に節約できる。三重効用缶の場合、同じ燃料でも次々に3回沸騰してくれる。逆にいうと燃料費が3分の1になるわけである。正確には3分の1ではないが、2.5分の1くらいにはなってくれる。そういう効き目がある。だから効用缶というわけである。そこで、日本は海に囲まれていながら、電気透析装置で前もって海水を濃縮する必要があるが、これには電気が要る。ところが残念ながら日本の電気代は世界一高い。だから日本が塩を作るとものすごく高い塩になる。したがって海外から塩を輸入せざるを得ない。

　どんなところから輸入しているかというと、オーストラリア、中国、メキシコなどだ。数年前の統計でオーストラリアから2900千t、メキシコからもだいたい同じ量が輸入されている。お隣の中国からは520千t、この3国だけでも6300千t輸入されている。そんなに輸入して何をしているのかというと、

§1 海洋資源と海洋開発   7

写真4　ドイツのブラウンシュヴァイク付近の岩塩鉱山の内部
立坑内に設けられたエレベーターのプラットフォーム。

ソーダ工業用に77.2％使っている。家庭用に5.9％、醤油、みそを作る工業に3.9％、水産用3.4％、魚なんか捕ってすぐに塩をまぶしておかないとすぐ腐る、塩はいろんなものに対して必要なのである。漬物用に1.9％。数字まで覚える必要はないが、いろんなものに使われていることを、ちょっとは頭に入れておく必要がある。

　塩は海の中にあるだけではない。陸にもある。山の中からでる塩のことを岩塩という。例えばドイツには岩塩の鉱山がある。岩のような塩だ。白いのもあるし、酸化鉄が入って茶色いのもある。実は、私はドイツの岩塩鉱山の中を見に行ったことがある。1977年の頃である。でかいエレベーターが岩塩鉱山の中に垂直に造ってあった。そして坑道が四方八方に切ってあった。壁は岩塩だ。その様子を示す貴重な写真が**写真4**と**写真5**である。

　次に海の資源の中で、最近クローズアップされたものにマンガン・ノジュールというものがある。マンガン・ノジュールはマンガン団塊ともいう。これは今から約130年くらい前にイギリスの船によって発見された。チャレンジャー号という軍艦が世界中の海を回って、サンプルを集めて回った。その中で海底

写真5　写真4の立坑プラットフォームから、水平方向に掘削された坑道
壁にはまだ岩塩が残っている。筆者も視察団の一員だった（1977年9月）。

にタマネギのような石ころがたくさんあるということを1891年に報告書として出している。その後、各国がだんだん調べていくうちに、これはすごいものだということが分かってきた。どういう点ですごいのか。マンガン・ノジュールの断面を切ってみると図1のように縞状になっている。真ん中を核にして年輪みたいになっている。幅1mmが10万年ぐらいたって成長しているということが分かってきた。だから、タマネギ1個の大きさになるのに何百万年とかかっている。その過程で、いろんなものを吸着して、中に元素の宝庫ができてい

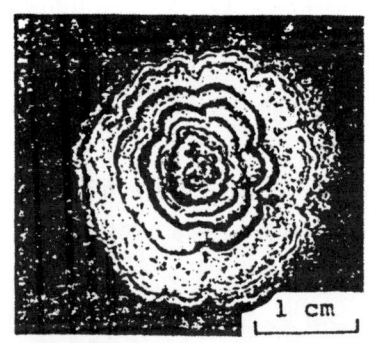

図1　マンガンノジュールの断面例
中心部の核から長い年月を経て年輪状に発達してきた様子が分かる
（深海底鉱物資源開発協会ワーキンググループ報告書（昭56）より）。

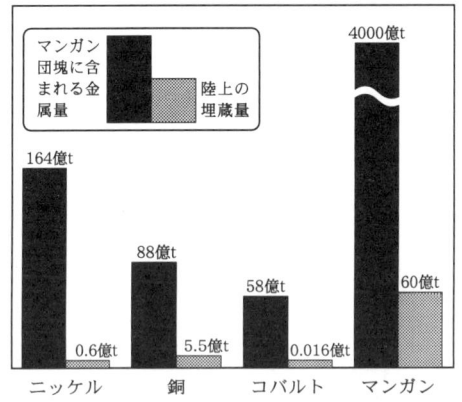

図2 太平洋におけるマンガン団塊に含まれる金属量と陸上埋蔵量との比較

るということが分かった。しかも、その存在量がとてつもなく多量であるということも分かった。ニッケル、銅、コバルトが中に含まれていることも分かった。その様子が図2の棒グラフである。どういうふうに読むかというと、ニッケルは陸上にはわずか0.6億tしかないが、太平洋だけでもマンガン団塊の中のものを合計すると164億tありますよということである。銅は同じく陸上5.5億t、マンガン団塊中188億t、コバルトは陸上0.016億t、マンガン団塊中58億t。マンガンに至っては陸上には60億tだが、太平洋の海底には4000億tが眠っている。表1にまとめたようにマンガンノジュール中のマンガンはδ-MnO_2の形である。鉄はゲータイトFeOOHで、これらは同心円状に互いに層を形成している。ニッケルは酸化物で、大部分がMnO_2中のマンガンと置換している。コ

表1 マンガンノジュール中の有価金属の存在状態

金属元素	形　態	分布状態
Mn	δ-MnO_2, todorokite	同心円状に互層を形成している
Fe	goethite（FeOOH）	
Ni	oxide	大部分がMnO_2中のMnと置換
Cu	oxide	MnO_2中のMnと置換 MnO_2, FeOOHの表面に化学吸着
Co	oxide	FeOOH中のFeと置換 MnO_2に化学吸着

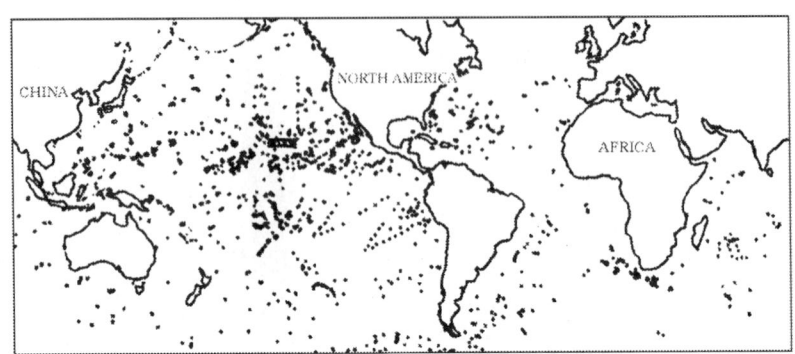

図3 海底の表層堆積物中のマンガン団塊の分布図 (出所：図1と同じ)
(Horn他、1973)

バルトも酸化物。銅も酸化物。そのようなものを陸上に引き上げて、金属を精錬すると、これは人類にとって豊かな宝庫ではないかと、20年くらい前に一大キャンペーンがあった。だけど、それはある事情でさたやみになった。それはどういう事情かというと、海底から引き上げるにはとてつもないコストがかかるので、そんなコストをかけるとものすごい高い金属になってしまう。2番目の理由は、海底をそんなに攪乱していいのか、生物が住んでいる環境を乱してよいのか。3番目の理由は、先進国だけが独占していいのか、後進国に対してちょっとそれは気の毒だ、と。この3つの理由で、そこまでしなくていいだろうということになった。ところで地図だけは作っておこうということになって、これぐらいの分布がありますよという図3のような地図がホーンらによって1973年に発表された。この一つ一つの点が、マンガン団塊が多量にある地域である。特に多いのがハワイ近海で、マンガン銀座といわれるくらいマンガン団塊がある。これは100年か200年か先に、本当に人類が困った時に、その時にはまあ利用してもいいかもしれないという状態に、今、話がなっている。

食塩の電気分解

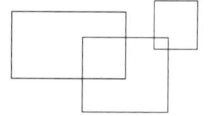

　ソーダ工業は、塩を原料として行われる工業である。一番よく耳にしているのは、食塩電解だと思う。それは、しかし、エネルギー多消費型の産業の1つである。石油化学工業がエネルギー多消費型の典型的なものだが、ソーダ工業もそれに次ぐエネルギー多消費型である。しかし重要な化学製品を作るような場合には、ソーダ工業によらざるを得ない。例えば、食塩電解によって苛性ソーダと塩素を一定比率で生産することができる。両者が同時にできるから、両者の需要均衡が重要なポイントである。苛性ソーダばかり作るわけにはいかない。塩素ばかり作るわけにはいかない。いわゆるバランス産業の1つである。両方の需要がうまくバランスされてなくてはならない。苛性ソーダの用途は、無機薬品や有機薬品類の製造用である。紙、パルプ、化学繊維、食品、調味料、こういったものも苛性ソーダを原料として作る。一方、塩素からもそれに劣らず、重要なものができる。例えば酸化剤、殺虫剤、消毒剤などである。さらに、特に有機化学工業分野で各種製品の製造原料の1つにもなる。そういうことを頭に入れておいて、食塩電解の話に入る。

　食塩電解というのは結果的には、次のような簡単な化学式で表される反応を起こさせることである。

$$2\text{NaCl} + 2\text{H}_2\text{O} \rightarrow 2\text{NaOH} + \text{H}_2 + \text{Cl}_2 \quad \cdots\cdots\cdots\cdots\cdots\cdots\cdots\cdots\cdots\cdots (1)$$

　つまり食塩を水に溶かすことによって、苛性ソーダと水素と塩素ができてくる。結果的にはこのような表し方になるが、皆さんが知っているように食塩を水に溶かしただけでは、苛性ソーダや水素や塩素ができるわけはない。電気化学的なプロセスによってこういった変化が起こるのである。そこが大事である。電流電圧が関与しなければこういった反応は起こらない。

　そこで電解の話に入る。電解とはもちろん電気分解の略である。食塩電解法には、まず隔膜法というのがある。これは1890年にドイツで発明された方法である。今から100年ちょっと前のことである。それで原理は図4(1)に書いてあるように、電解槽があってプラス極が黒鉛またはDSAという材質で作られていた。マイナス極は軟鋼またはニッケルであった。初期には軟鋼が使われたけれど、現在はニッケルが使われている。槽の真ん中が隔膜で仕切ってあり、その材質がアスベスト板である。石綿のことである。アスベストを板状にしたもので真ん中を仕切る。槽の中に食塩水を入れるわけだが、図の左側の室の食塩水が右側の室の食塩水よりも多量に入っているのは、書き間違いではない。わざと左側のレベルを高く、右側を低くした。これはヘッド差をつけるためである。食塩水に圧力差を生ぜしめるためである。左側の陽極室の圧力を右側の陰極室の圧力よりも高くしてある。そこで、電流を通すことによってCl$^-$イオンはプラス極に引かれてプラス極の表面で電荷を失っていったんCl原子ができるが、直ちに2個一緒になって塩素ガスCl$_2$になって出ていく。それからNa$^+$イオンはマイナス極の方に引かれて当然左の部屋から右の部屋へ移動する。それでOH$^-$はマイナス極には反発するが、仕切り壁のところにヘッド差があるから右の室の方に押し戻される。そうすると、あらかじめ移動してきたNa$^+$イオンと一緒になって、ここで苛性ソーダができる。H$^+$イオンはマイナス極に引かれて、その表面で電荷を失って水素原子になり、2個集まってH$_2$ガスになって出ていくというわけである。したがって右下の方からは水酸化ナトリウム溶液が出ていってくれるが、残念ながら食塩も若干混じったような状態にならざるを得ない。どれくらいかというと、10%の濃度の苛性ソーダに

15％ぐらいの食塩が混じっている。食塩の方が多い。しかし苛性ソーダもちゃんとできているのである。したがってこれを濃縮して、食塩を分離してやればいい。多重効用缶で濃縮してやって、苛性ソーダとしては50％以上の濃度にしてやる。それでマーケットに出すというわけである。多重効用缶の底から出てきた結晶は図4（1）に書いてあるように、食塩と硫酸ナトリウムと苛性ソーダがちょっと入った混合複塩である。食塩も一緒にくっついたかたちで析出する。捨てるのはもったいないから、精製して食塩をリサイクルする。そして左上の濃厚食塩水と一緒に混ぜてやって、またこの電解槽に入れてやる。

　そこで問題なのは陽極、すなわちアノードの材質である。陽極というのは非常な酸化性雰囲気にさらされる。黒鉛は丈夫ではあるが、水の中でもだんだん酸化して消耗していく。それじゃいかん、ということで新材質を世界中で開発した結果、DSAというものが発明された。それは1966年のことで、発明した会社はデノーラ社というイタリアの会社である。どんなものかというとチタン金属の上に、過酸化ルテニウムをコーティングした形になっている。酸化消耗がほとんどない。DSAは何を略したものかというと、Dimensionally Stable Anodeを略したものである。直訳すると寸法安定性陽極ということになる。つまり腐食されてぼろぼろにならない、寸法が安定しているという意味である。世界中の国の化学工場がデノーラ社に陽極を売ってくださいとデノーラ社参りをした。君たちも将来企業に勤めたら、そういったすばらしい材質なり技術なりを開発できるといい。

　そこで電解反応を図4（1）の下に書いているように、アノード反応は酸化反応だから塩素イオンがマイナスつまり電子を失って2個集まって塩素ガスになる。カソード反応は還元反応であるから、水が還元されて水素になり、水酸基イオンを放出する。これが苛性ソーダのOHの基になる。全反応は辺々、相足せばよい。$2Na^+$を左辺に足せば右辺にもそれを足しておけば同じことである。考えやすいように$2Cl^-$に対応して$2Na^+$にしている。左辺は全体として食塩水である。右辺は$2OH^- + 2Na^+$と都合よくなっている。これが苛性ソーダである。したがって一番最初に書いた（1）式のようになっている。しかし単に食塩に水を加えただけではこの反応は起こらない。電流を通すことによって

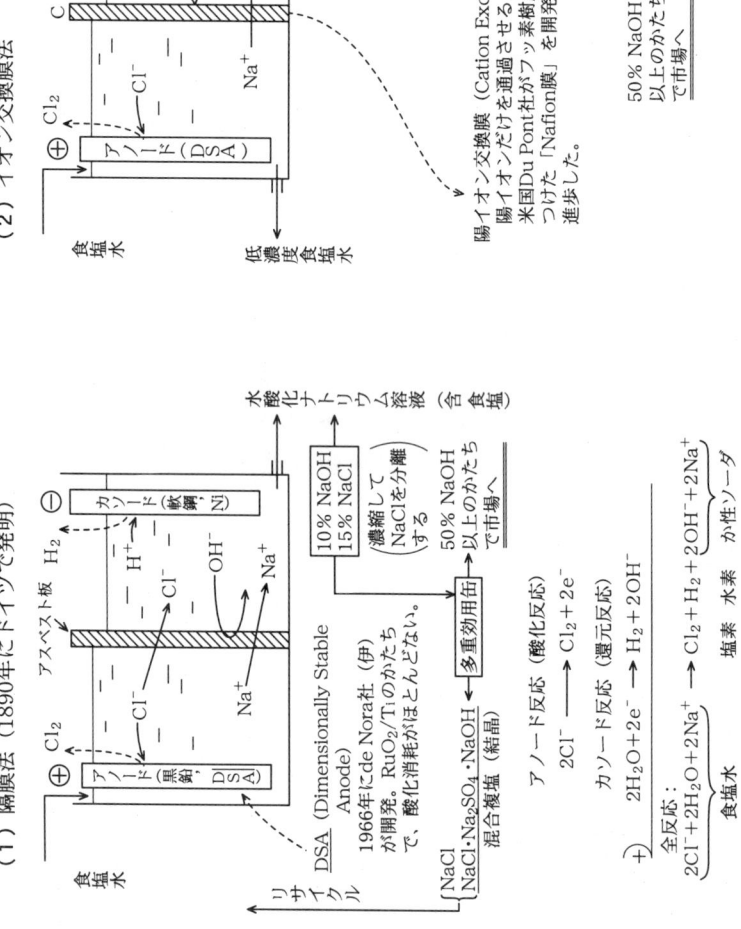

図4 食塩電解槽の原理図

起こったのである。

　それでは、陽イオン交換膜法による食塩電解、図4（2）の方の説明である。さっきのアスベスト隔膜法とどこが違っているかいうと、ヘッド差がまったくないというところで、あとはほとんど一緒である。OH⁻イオンがヘッド差によって押し戻されるのではなくて、Cという陽イオン交換膜（Cation Exchange Membrane）を通れないから元の部屋に戻らざるを得ない、というところが違う。Na⁺イオンは悠々と陽イオン交換膜をパスできる。したがって苛性ソーダが効率よくできるわけである。アノードにはDSAがやっぱり使ってある。カソードの表面には電極活性物質が表面コーティングしてある。陽イオン交換膜というのは陽イオンだけを通過させるという働きがあって、これは米国のデュポン社という有名な化学会社がフッ素樹脂にスルフォン基を付けたもの、つまりナフィオンの膜を開発して以来この技術は急速に進歩した。これは50～60年前にデュポン社が開発したものだが、その後それに似たものが世界各国で研究されて、日本では旭化成、三菱化成、旭硝子などの各社が一生懸命研究した結果、独自のイオン交換膜ができている。今では非常に性能がいい。生成する水酸化ナトリウム溶液には食塩がほとんど含まれていない。濃度も20～40%と濃い。食塩をわざわざ分離してやる必要もない。ただ50%の濃度にするために多重効用缶を使っているだけである。

　それで今度は、原理図と実際に使われている装置図とではかなり違っているという話をしたい。隔膜法の原理図は図4（1）だったが、実際は図5のような形になっている。図5も本当の図ではないが、より実際に近い図である。図の全体は電解槽だが、電解槽の一番肝心な部分は真ん中の室の辺りである。陽極は室の中心部にあり、陰極は室の外側に巻いてある。網状になって外側を覆っている。そしてすぐ内側に隔膜が張り付けてある。陽極室には満々と食塩水がたたえられている。外側にあるのは水酸化ナトリウム液と書いてあるけれど、ヘッド差がものすごくついていることになる。外側の液と真ん中の液の間には、うんとヘッド差がある。陽極室の高さ自体がほとんどヘッドになっている。塩素ガスと水素ガスがそれぞれ陽極室と陰極室から出ていく。しかし、さっきの図4（1）がこれと同じです、なんて最初はピンとこない。

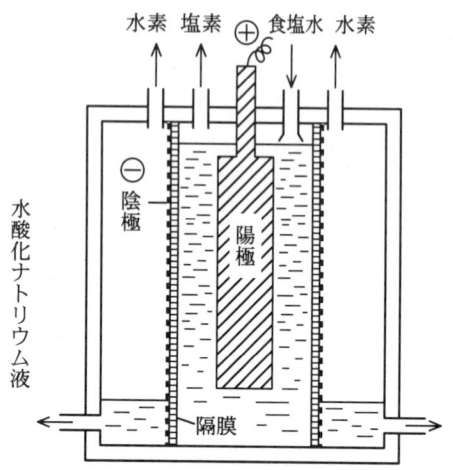

図5　より実際に近い隔膜法　食塩電解槽の断面図
(出所：佐藤公彦、森本剛「無機プロセス工業」、大日本図書、1996年、p.65より)

　イオン交換膜法の実際に近い図は、図6のようになっている。液は下から上へ入り、上から出ていく。右下は陽極室流入口、左側は陰極室流入口である。陽イオン交換膜はこの縦長の室の真ん中にある。左右の壁は隔壁である。こんなのがたくさん電解槽の中にある。そのうちの1個を図6に示してある。プラス極が右側、マイナス極が左側にあるが、プラス極とマイナス極の間隔がものすごく狭い。そうして右上は陽極室流出口、左上は陰極室流出口である。左上から出ていっているのが苛性ソーダの溶液である。左から水素が出ていき、右から塩素が出ていく。この丸い印はそれぞれのガスの出口である。カソードとアノードの間隔（これをギャップという）を限りなく狭めて、現在の技術はこの間隔がゼロになるように目指しており、ゼロ・ギャップと称している。すさまじい技術的目標である。

　イオン交換膜電解条件をいろいろ調べてみると、次の通りである。イオン交換膜は電気抵抗がなるべく小さいのがよい。どれくらいの値かというと現在0.8Ωだ。それから極室の厚み約3cm。しかしこれを限りなくゼロにしようということでゼロギャップという言葉がある。極室数はどれくらいかというと、

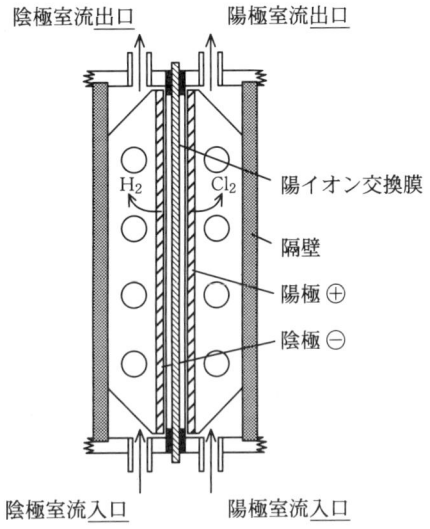

図6 イオン交換膜法 食塩電解槽の実際により近い断面図
(出所：Keith Scott, "Electrochemical Processes for Clean Technology," Royal Soc. Chem., 1995, p.263より)

1槽当たり110室、それから供給食塩水の濃度が約190ないし210g/Lである。それから不純物イオンを非常に嫌う。なぜかというと、不純物があると膜の寿命がものすごく短くなる。精製工程を2段くらい設けて不純物イオンを最低に抑えている。どういったものが不純物イオンかというと、海水の中にはいろんなものが入っているが、比較的多量に含まれているイオンを最低に抑えれば他のイオンはもっと低くなり得るわけだから、まずマグネシウム。これはかなり多量に含まれている。これをppbオーダーにする。鉄イオンこれもppb、カルシウムイオン、バリウムイオン、ストロンチウムイオンなども、各ppbのオーダーに抑えてある。ppbとはparts per billionの略だ。billionとは10億の意味だから、10億分の1のオーダーに抑えてある。ものすごい精製の仕方である。そうしないと膜の寿命に影響するからである。それから電流密度は、20～40A/dm^2、電解温度は80～90℃。これはわざと高くしているわけではない。電流密度をなるべく大きくしたほうが生産効率がいいわけだが、食塩水の中を多量の電流が通るから、ジュール熱によって温度が上がる。だからやむを得ず

電解温度が80～90℃になる。pHが2～5の範囲、電解電圧が約3V、電流効率が95%。電流が流れて電気分解が行われる場合、電気エネルギーの100%が有効利用されるわけではない。現にジュール熱によって熱エネルギーとなって損失する場合もあるし、他の損失もある。しかし95%は利用されている。膜の寿命は約4年。細心の注意を払っても大体4年で取り替えなくてはならない。電極の寿命は約10年である。

　所要エネルギーの比較を、隔膜法とイオン交換膜法でやってみると、電解電力の原単位は、隔膜法では2400kwh/tNaOH。しかし電解のときだけに電力が要るわけではない、海水のくみ上げやその他諸々に一般的な電力が要る。それが200kwh/tNaOHである。できた苛性ソーダを煮詰めるのに要る蒸気400kwh/tNaOH。イオン交換膜法では電解電力2200、一般電力100、蒸気100。それぞれkwh/tNaOHである。ただし蒸気というのは電力に換算してある。その電力蒸気換算率は200kwhが1tの蒸気と同等であるという換算方式である。それでイオン交換膜法がすごく有利であるということが分かる。例えば蒸気などは4分の1で済む。一般電力は半分で済む。電解電力も1割くらい低くて済む。それはなぜか。隔膜法ではできた苛性ソーダの濃度が低いから、うんと濃縮しなければならない。一般電力も、効率の悪い分だけ隔膜法の方がいろいろ電力が要る。電解電力も、アスベスト隔膜の方がイオン交換膜よりも抵抗が大きいから、1割くらい多く電力を食う。だから今、隔膜法からイオン交換膜法に技術が移動している。日本では現在、ほとんどイオン交換膜法になっている。

　同じ食塩の電気分解でも水溶液ではなくて、**熔融塩の状態で食塩を電気分解**するとどうなるだろうか。食塩を加熱熔融してマグマ状にする。NaClの融点は801℃だからそれ以上に上げれば熔ける。電解を行うと陰極にナトリウムが生成し、陽極に塩素ガスが発生してくれる。これがダウンズ法である。ナトリウムはプラスイオンだから陰極に引かれ、ナトリウムの熔融金属ができる。塩素イオンはプラス極に引かれ、塩素ガスが発生する。違うのは苛性ソーダではなくてナトリウムの金属ができるという点である。電解浴に塩化カルシウムを少し入れてやると、本来801℃でしか熔けなかった食塩が580℃で熔ける。装置としては真ん中にフードがある。下からグラファイト陽極、まわりをドーナ

§2 食塩の電気分解 19

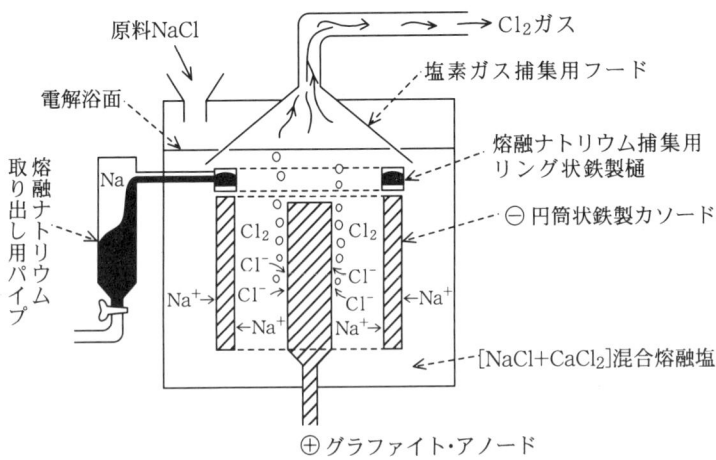

図7 金属ナトリウム製造用のダウンズ法電解槽原理図

ツ状に鉄の陰極が囲んでいる。そうすると塩素ガスが上の方から出ていってくれる。ナトリウム金属が溶けたものは比重が小さいから、上に浮かんでくれる。そして取り出すことができる。工業的には1つの槽列に2,500〜40,000Aの大電流を通している。ダウンズ法電解槽の原理図を図7に示す。

問題1

食塩水の隔膜電解、イオン交換膜電解、および食塩のダウンズ法電解、これらについて、それぞれ平易な言葉で説明文を書いてみよ。

海水からのマグネシウムの回収

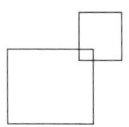

　今までは海水の中の溶存物質で一番多量にあるナトリウム（これは塩化ナトリウムという形で溶けているわけだが）の回収と、それから作られる化学品、つまり苛性ソーダおよび塩素の話をした。ナトリウムに次いで、かなり量的にあるものはカルシウムとカリウムとマグネシウムである。ところがカルシウムというのはあまり値段が有利でない。カリウムは回収するのが技術的になかなか難しい。そこでマグネシウムの回収法が以前から試みられ、有利に回収することができるようになった。その話をしたい。

　海水の中からマグネシウムを回収する方法は、アメリカで行われ、日本でも試験的に実施されたことがある。海に面した国では、海水の中の貴重な元素を回収しようとする努力が常に払われている。ところで海水の中に主要なイオンがどれくらい溶けているかを表に示すと、**表2**のようになる。塩素イオンは約19.0g/L、ナトリウムが10.0g/L、マグネシウムは1.35g/L、以下ここに書いてある通りである。海水の中に溶けている元素の数はあとかなりたくさんがある。

　マグネシウムを博多湾から回収せよと言われたら、君達だったらどうするだろうか？　結論からいうと、Mg^{2+}イオンは次の式で回収されている。

$$MgSO_4 + MgCl_2 + 2Ca(OH)_2 \rightleftarrows 2Mg(OH)_2 + CaCl_2 + CaSO_4 \quad \cdots(2)$$

表2　海水中の主な溶存元素

元素	化学形	濃度（g/L）
Na	Na$^+$	10.5
Mg	Mg^{2+}	1.35
Ca	Ca^{2+}	0.40
K	K$^+$	0.38
Cl	Cl$^-$	19.0
S	SO$_4{}^{2-}$	0.89

出所：日本化学会編「化学便覧」応用編 改訂3版、昭和55年、p.32より抜粋

　結局、海の中のマグネシウムイオンは硫酸マグネシウムや塩化マグネシウムの形で含まれている。そこへ水酸化カルシウムをほうり込んでやる。そして混ぜてやる。そうするとどういう変化が起こるかというと、水酸化マグネシウムMg(OH)$_2$が沈殿してくるのと同時に、塩化物も硫酸塩も、マグネシウムがカルシウムと置き換わってしまう。したがって塩化カルシウムと硫酸カルシウムが生じる。これは溶解度が高いから溶けた状態で存在する。沈殿として出てくるのが、水酸化マグネシウムである。これは非常に素晴らしい方法である。（2）式で矢印が右にいってるのと左にいっているのがあり、平衡状態という意味だが、右の方の矢印を太く書いている。つまり決定的に右にいく反応が主であるといえよう。沈殿反応がどんどん進んでいくと、それを補うために反応はなおさら右の方へ進んでいく。例のルシャトリエ・ブラウンの法則である。外界の影響を打ち消すような方向に反応が進んでいくのである。

　得られた水酸化マグネシウムを濾過乾燥して、2通りの焼き方をする。どっちの焼き方が主であるかはどっちの需要が大きいかによって決まる。低い温度約800℃で焼くと、**軽焼きマグネシア**ができる。温度を高くして1500〜1600℃で焼くとマグネシア・クリンカーができる。化学式はいずれもMgOで、酸化マグネシウム（マグネシア）である。しかし形状や比重やその他の物理的性質が違う。軽焼きマグネシアはマグネシウム化合物を作るための出発原料にする場合や土質改良剤なんかに使われる。マグネシア・クリンカーの方は耐火物に使う。マグネシアというのは高温に耐える性質がある。両方とも純度は98ないし99%MgOで、100%MgOというわけにはいかない。（2）式の左辺に加える水酸化カルシウムのカルシウム源としては日本では石灰石を使う。石灰石を

焼いて生石灰（CaO）にして、それを水に懸濁して水酸化カルシウムにする。アメリカでは、そういうやり方もあるが、カキの貝殻を使う。化学組成的にはカキ貝殻も炭酸カルシウムである。それらを焼いてCaOにしたあと、水に懸濁させて水酸化カルシウムにする。一方、米国ではドロマイトという鉱石を使う場合もある。ドロマイトというのは$MgCO_3 \cdot CaCO_3$という複塩である。これを使うとどういうメリットがあるのだろうか。そう、ドロマイトの中のマグネシウムまで、ついでに回収することができるのである。

できた水酸化マグネシウム沈殿を大きなシックナーで沈降させる。アメリカの工場を見学したことがあるが、直径が何十mもある巨大なものである。シックナーの断面は下の方が狭まっている。沈殿が底に溜まるような仕掛けになっている。底ではゆっくり攪拌棒が回って下の方の沈殿を攪拌している。攪拌棒をレーキという。沈殿を集める腕という意味だ。シックナーの底から抜いた沈殿を濾過するには、ドラムフィルターという装置を使う。ドラムフィルターというのは真空濾過器のことである。ドラムの上に濾布が巻き付けてあって、下の方の桶に、さっきシックナーの底から抜いた水酸化マグネシウムのスラリーが入っている。どろどろの沈殿の濃いやつをスラリーという。その中にこのドラムを浸けておきながら、真空でドラムの中を引いてやると、沈殿がケーキ状になってピタッと濾布上にくっつく。ケーキ状になったものを洗いながら、固定されたナイフで沈殿のケーキをはぎ取る。このようにして水酸化マグネシウムの沈殿を集める。それと同時に濾液が出てくる。その濾液はなんだろうか。そう、海水である。マグネシウムを含まない海水がこちらにきている。マグネシウム以外の、さきほど入れたカルシウム分が塩化物、あるいは硫酸塩になって海水に溶けて入ってきている。それが濾液である。あと、この水酸化マグネシウムを焼けば、さっき言った通り、マグネシアが得られる。海水中から回収された酸化マグネシウムを、海水マグネシアと呼んでいる。

マグネシアではなく金属マグネシウムを採りたいという工場もあるかもしれない。その場合にはどうすればよいだろうか。水酸化マグネシウムを焼かずに別の工場に持ってくる。そうして塩酸を加える。水酸化マグネシウムと塩酸を作用させると何ができるだろうか。塩化マグネシウムができる。ただし塩化マ

グネシウムであっても、これはまだ水分があるからベトベトである。塩化マグネシウムの濃い溶液といってもよい。これをさらに濃縮する。濃縮するには何を使うか。**標準型蒸発がま**というのがある。多重効用缶のように何個も並べて減圧しなくてもよい。そうすると**自由水**、フリー水分は飛んでいくが、結晶水が残るので塩化マグネシウムの六水塩ができる。これは結晶水を6分子含む。したがってMgCl$_2$・6H$_2$Oという形である。今度は結晶水を飛ばす必要があるから、強制的に加熱してやらないといけない。君達は2年次の実験で石こう、CaSO$_4$・2H$_2$Oから結晶水を飛ばすのに、乾燥器で加熱したが、150℃くらいでやっと結晶水が飛んでいった。MgCl$_2$・6H$_2$Oもやっぱり120〜130℃に加熱乾燥してやらないといけない。**回転乾燥器**は便利であるが、使えない。内容物がベトベトしてドラム内壁にくっついてしまう。通常、**箱形乾燥器**を使う。何の細工もない装置が実は工業的には万能なのである。乾燥後に出てくるのが塩化マグネシウムである。これは無水のMgCl$_2$そのものである。

これを**熔融塩電解**にかける。約800℃に加熱熔融したMgCl$_2$を電解するのである。この様子を図8に示す。上から突っ込んである炭素電極を⊕、スチールの電解槽自身を⊖にして電解すると、Mg^{2+}イオンは⊖極に引かれて電荷を失ってマグネシウムのメタルになり、熔けた状態でMgCl$_2$浴の上に浮く。塩化マグネシウムよりもマグネシウムの方が軽いからである。それで熔融Mgをサイフォンの原理でくみ取ってやる。最初から電解槽全体を不活性雰囲気にしておかないといけない。不活性ガスとしては窒素が一番安い。なぜ不活性雰囲気にする必要があるのだろうか。空気中では、高温だし、酸素が入っているから、あっという間に金属マグネシウムが酸化するからである。酸化するどころか酸化熱で爆発するかもしれない。そういうところにも工業的配慮を要する。そうやってできるのが**熔融金属マグネシウム**である。これを鋳型に入れる。そして冷却して取り出すと、マグネシウムインゴットができる。インゴットというのは金属を鋳込んだものである。それをいろんな用途へ持っていく。

一方、電解の時に炭素陽極のところで塩素ガスが発生する。だから熔融マグネシウムと、塩素ガスができる。この塩素ガスは空気中に逃がすと環境上、問題だし、だいいちもったいない。だから、塩酸合成工場に持っていく。塩酸に

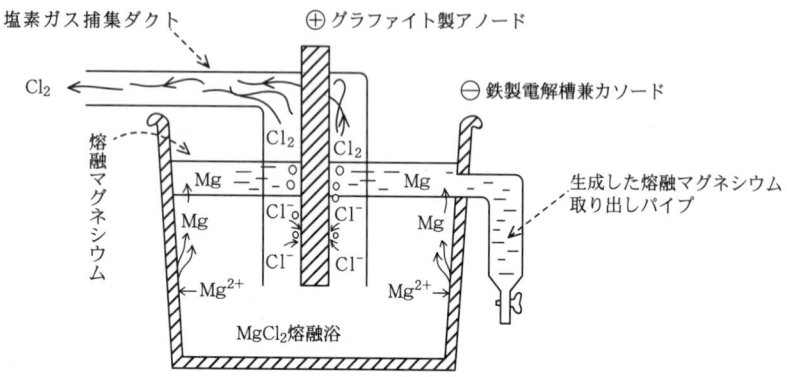

図8 金属マグネシウム製造用の熔触塩電解槽原理図

するにはあと1つ何がいるだろうか。水素である。そうすると塩酸ができる。できた塩酸を塩化マグネシウムの製造用に使う。それで塩酸をぐるぐると工程内で回していることになる。水素だけが新たに要る。これが海水から金属マグネシウムを作る方法である。

　私は海水マグネシアの工場を見に行ったことがある。今から40～50年前、君達より5～6歳年上の時にアメリカ留学を会社から命ぜられ、その明くる年の春だっただろうか。西海岸のカリフォルニア州の海に面したところに海水マグネシア工場があったから見学に行った。その時の話を思い出すと、濾過器、つまり真空のドラムフィルターが1時間当たり180kgの濾液を出していた。私の記憶が正しければ、そのドラムフィルターが5基あったと思う。その前段のシックナーのスラリーがどういう内訳だったかというと、水1kgについて0.2kgの固形分を含んでいた。固形分というのはMg(OH)$_2$そのものである。

　ところで、この工場はマグネシア、MgOとしては1時間に何kgの生産能力であったか。それから、もしこの工場が、水酸化マグネシウムを全量、熔融塩電解してマグネシウム金属にしたい場合、何kg/hのマグネシウムができるか。この2つの問題を計算してみなさい。3番目の問題として、世界中で海水から金属マグネシウムを生産している量は25万t、ないし30万t/yであるといわれ

ている。では、上述の規模の海水マグネシア工場は何か所くらいあると考えられるだろうか。ただしマグネシウム源はすべて海水であると仮定し、また水酸化マグネシウムの半量を金属マグネシウムにしているとする。

炭酸ソーダ

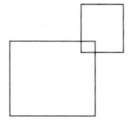

　ソルベー法というのは、炭酸ソーダ（化学式ではNa_2CO_3）の製造法である。ナトリウムのことをソーダという。だから炭酸ソーダでもいいし、炭酸ナトリウムでもいい。ベルギー人、E. ソルベーが1860年に開発した方法である。日本には大正5年に入ってきた。大正5年というのは1916年だから、今から85年くらい前のことである。原理は、ハーバー法で得たアンモニアを石灰からのCO_2とともに濃厚なNaCl水溶液の中に吹き込む。これは当時アンモニアがハーバー法で大量生産できるようになってから開発された方法である。塩化ナトリウム水溶液の中にアンモニアと炭素ガスを吹き込むと、4種類の塩が生じる可能性がある。まず、食塩そのもの、それから$NaHCO_3$、これは炭酸水素ナトリウムあるいは重炭酸ナトリウムともいうし、重炭酸ソーダともいう。3つ目の可能性はNa_2CO_3である。これが直接できる可能性もゼロではない。それから塩化アンモニウムNH_4Cl、これも可能性としてはある。しかし溶解度がそれぞれの塩について大小いろいろあって、溶解度の最も小さい$NaHCO_3$が沈殿してくる。沈殿してできたものが重炭酸ナトリウムである。それを仮焼すると（仮焼とは空気中で焼くこと）、炭酸ソーダになる。炭酸ソーダはソーダ灰という。英語ではSoda Ash。その反応は重炭酸ソーダ$NaHCO_3$が180℃ないし200℃で仮焼されて炭酸ガスと水を放出して、炭酸ナトリウム（ソーダ灰）が

できるという反応だ。こうやってできたソーダ灰を**軽質ソーダ灰**といい、非常に軽い、ちょうど灰のようなものである。したがってソーダ灰という。$0.78g/cm^3$の程度の見かけ密度である。

ところで、ソルベー法の基本反応は5つある。それを書くと下式のようになる。基本反応はだいたいこの5つに分かれる。まず(i)でCO_2を発生させなければならない。それには$CaCO_3$(炭酸カルシウム)を焼いて、CO_2を発生させる。と同時に、CaO(生石灰)を生じさせる。(ii)番目の基本反応は、さっきできた生石灰を水に溶いてやって$Ca(OH)_2$(消石灰、または石灰乳)にしてやる。これを石灰乳とも呼んでいるのは、牛乳みたいに白いからで、英語もMilk Limeという。Limeというのは生石灰を水に溶いたもののことである。Milkというのは牛乳状のという意味である。(iii)番目、これがソルベー法の本番の反応であるが、食塩水への炭酸ガスとアンモニアの吹き込みの反応である。そうすると**重炭酸アンモニウム**(炭酸水素アンモニウムともいう)ができる。炭酸水素アンモニウムが食塩と反応して、塩化アンモニウムと炭酸水素ナトリウムができる。(iv)番目、炭酸水素ナトリウムを熱分解すると、ソーダ灰Na_2CO_3ができると同時に水と炭酸ガスが飛んでいく。廃液はNH_4Clをかなり含んだ海水ということになる。(v)番目、塩安(塩化アンモニウム)からのアンモニアの回収である。これには(ii)の石灰乳を使う。そうすると塩化カルシウムとアンモニア、それから水ができる。アンモニアを回収してリサイクルする。

ソルベー法の基本反応

(i) CO_2の発生

$CaCO_3 \rightarrow CaO + CO_2$

(ii) 石灰乳の調製

$CaO + H_2O \rightarrow Ca(OH)_2$

(iii) 食塩水へのアンモニア・ガスと炭酸ガスの吹き込み

$NH_3 + CO_2 + H_2O \rightarrow NH_4HCO_3$

$NaCl + NH_4HCO_3 \rightarrow NH_4Cl + NaHCO_3$

(iv) 重炭酸ソーダの熱分解

$2NaHCO_3 \rightarrow Na_2CO_3 + H_2O + CO_2$

(v) 塩化アンモニウムからのアンモニアの回収

$2NH_4Cl + Ca(OH)_2 \rightarrow CaCl_2 + 2NH_3 + 2H_2O$

ここで考えてもらうため問題を出す。こういう反応が(i)から(v)まで起こるが、結局、ソルベー法の反応は**炭酸カルシウム＋食塩、これが塩化カルシウム＋炭酸ソーダ**になると要約される。なぜそういうふうになるのかということを(i)〜(v)の反応式を用いて示しなさい。

　ソルベー法が成功したのは、このような素晴らしい発見と同時に工学的な開発が行われたからである。ソルベー塔の開発によって、工業生産が一気にはかどった。アンモニアを吹き込み、かつ部分的に炭酸化された濃い食塩水が塔頂に供給されて、上からシャワーみたいに降ってくるわけである。途中に棚が作ってある。この棚は塔の内壁から斜め下にすぼまるように作ってある。そして真ん中に邪魔板がのっかっている。下から炭酸ガスがやってくる。上から降ってくる炭酸化されかつアンモニアを含む海水と、下からの炭酸ガスがカウンターカレントに塔の中でぶつかる。そうすると、塔の上の方では**カーボネーション（炭酸化）**というのが起こり、炭酸アンモニウムに炭酸ガスと水が作用して重炭酸アンモニウムができるという反応になって、沈殿が懸濁状態になって上から降ってくる。そして次は、塔の下の方でさらに沈殿反応が進行する。つまり、途中でできた重炭酸アンモニウムが食塩水と一緒になって、塩化アンモニウムと重炭酸ソーダになるという反応が塔の下の方で完成する。重炭酸ソーダは塔の底から抜いてやる。あとは、重炭酸ソーダの懸濁溶液をフィルターにかける。一般的なソルベー塔の高さは約25mで、高さ方向の温度分布は、塔の真ん中辺が70℃くらいで、上に行くほど温度が低くなり（というのは反応がさほど進行しないから）、また、塔の下の方も反応温度が低くなっている（これは反応が完結するような状態になってくるから）。この塔ができたことが1つの技術革新であった。

§4 炭酸ソーダ 29

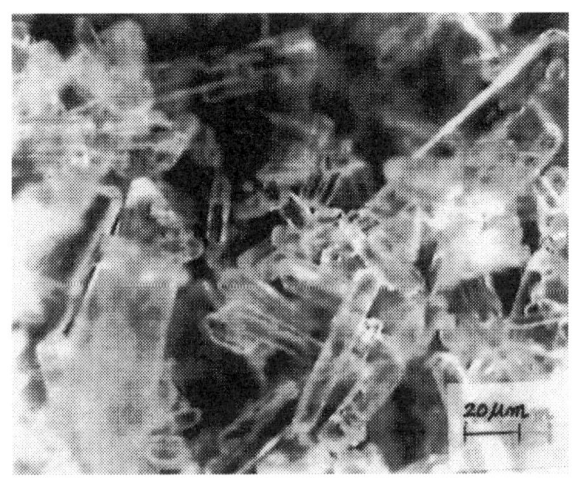

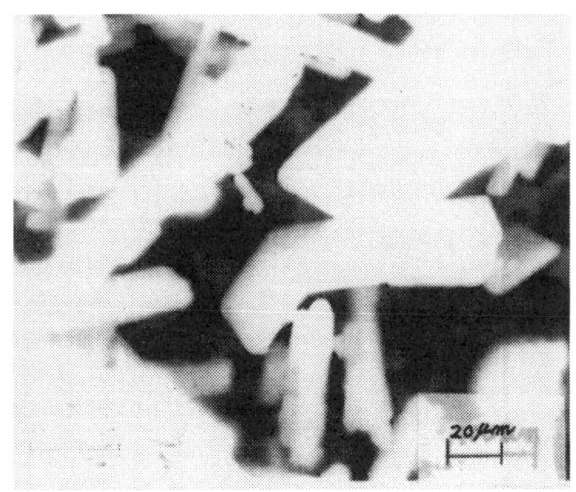

写真6 重炭酸ソーダ(上)および軽質ソーダ灰(下)のビデオスコープ写真

　写真6は、重炭酸ナトリウム(上)とそれを仮焼した炭酸ソーダ(下)のビデオスコープ写真である。上と下では、ちょっと様子が変わっている。この白い部分が物質があるところである。上の方はちょっと半透明になっている。下の方は太い結晶みたいに見えるけれども、その幅が20μmくらいである。諸君の髪の直径がおおよそ20μmである。したがってこの結晶は髪の毛を刻んだよう

な粉末だ。ソーダ灰の見かけ比重は0.78で、ものすごく軽いから、工業的に使おうとするとなかなか不便である。ソーダ灰を反応装置に入れようとしても白煙もうもうと散ってしまうので、少し重くしようと試みられた。重くしたものを**重質ソーダ灰**という。重炭酸ソーダをそのまま焼いたのが**軽質ソーダ灰**である。軽質ソーダ灰を押し固めて錠剤にすると、ちょうど米粒のようになって見かけ比重が2倍くらいの重質ソーダ灰になる。こうすれば工業上、扱いやすくなる。

どんな用途に向けられるかというと、ソーダ灰というのはそもそも年間世界生産量で約3～4万tである。重質ソーダ灰で一番用途が多いのはガラス瓶のたぐいで、これが63%。2番目の用途は板ガラス用に20%。3番目がケイ酸ナトリウムに向けられて9%。水ガラスなどもケイ酸ナトリウムの一種である。それから8%がその他の化学薬品類の製造用に向けられる。一方軽質ソーダ灰の57.0%が重化学製品向けである。16.0%が油脂、ワックス、および砂糖用に向けられている。次いでファインケミカル製品用や、食べ物と飲み物用、染料や顔料用、および繊維製品用で、それぞれ約3%ずつ、といった具合である。

あと1つ問題を出す。ソルベー法で1000tの炭酸ナトリウムを作るために必要な塩化ナトリウムおよび炭酸カルシウムの量を求めよ。

それでは今度はガラスの話に入る。ガラスコンテナー、それからフラットガラス、そういうのがソーダ灰の用途として非常に多いから、ガラスの話をほんのちょっとだけしよう。一般的にいって、ケイ砂、ケイ石、石英の主体をなすSiO_2は、このままでは1700℃以上にならなければ熔けてくれないが、アルカリ、例えば今の話のソーダ灰と一緒に熔融してやると高くても1200～1300℃で熔けて、不定形のケイ酸塩化合物を作る。不定形というのは結晶型ではないということだ。SiO_2、例えば石英は結晶が発達した物質だが、アルカリと一緒に温度を高くして熔かしてやると、ケイ酸塩化合物を作る。そのケイ酸塩化合物は冷却して固化しても結晶形ではなく、不定形である。熔けたあと適当な形にしてやれば板ガラスであろうと、瓶であろうと、いろんな形に作ることができる。面白いことにはそれを冷却したものは、**過冷却の液体の状態**であるとい

われる。ガラスは液体だが粘度が非常に大きいから、固体状態なのである。ちょうど、水飴が冬にカチンカチンになった状態を想像すればよい。ガラスは窓ガラスにしても見かけは固体だが、理論的には液体である。冷えすぎた液体、過冷却の液体状態であり、透明で光の屈折率の高いガラスになるというわけである。次項で、もう少し詳しくガラスの話をしよう。

§5 ガ ラ ス

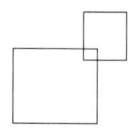

　炭酸ソーダの話が終わって、その炭酸ソーダの用途で一番大きいものはガラスであるから、ガラスの話にもう少し触れておこう。主なガラスの種類と主要成分について述べる。1番目はソーダ石灰ガラスで、これが最も普通のガラスだ。成分はNa_2O、CaO、SiO_2で、原料としてはそれぞれNa_2CO_3（ソーダ灰）、$CaCO_3$（石灰石）の形で加える。あとはSiO_2すなわち砂やケイ石である。用途は板ガラス、瓶、日常のガラス器などがある。

　2番目のホウケイ酸ガラスはパイレックスという商品名の別名がある、主成分としてはやっぱりSiO_2だが、あとの成分が違って、ホウ砂、アルミナ、K_2O、Na_2Oである。Na_2Oはソーダ石灰ガラスの場合と同じだが、CaOが入ってない。K_2OはK_2CO_3の形で加える。この2番目のガラスはどんな特徴があるかというと耐熱性がある。だから用途は、理化学用のガラス、試験管、ビーカーなどである。ホウ砂というのは、どんな化学式だろうか。$Na_2B_4O_7 \cdot 10H_2O$である。

　3番目の鉛ガラスは別名クリスタルガラスともいう。この組成はやっぱりSiO_2が主成分だが、そのあとK_2O、Na_2Oの他にPbO、つまり酸化鉛がかなり入っている。この鉛ガラスの一種を、君達は2年の実験の時に作ったのを覚えているだろう。PbOはリサージやPb_3O_4、つまり鉛丹という形で加えたりする。用途は装飾用や光学用、これは屈折率が大きいからである。したがってクリス

タルガラスという名前がついている。偽物の宝石なんかを作ったりする。それから光学用にも使われている。プリズムなんかをこれで作るとよく光を屈折、分散させる。

それから4番目、結晶化ガラスというのがある。1950年代の後半にアメリカのコーニング社がパイロセラムという商品名で$Li_2O - Al_2O_3 - SiO_2$系のものを市場に出して以来、各国で競って似たようなものが開発された。各社が工夫していろんなものができているが、共通の特徴は、ガラスの母相の中に径が0.1～1mmの微小な低膨張率の結晶粒子を50%くらいの割合で析出させたものである。Li_2OはLi_2CO_3の形で加える。用途は耐熱食器などがある。台所用品の直火鍋やフライパンがこのガラスで作られている。ガラスは一般的には非結晶質であるが、この結晶化ガラスに限って細かい無数の結晶の集合体になっている。結晶化ガラスの名前の由来はこのようなところから来ている。一種の複合材料ともいえるだろう。物理的にも化学的にも強い。だから台所用品などのように、加熱と冷却を繰り返さなければならないような用途に使われている。

5番目の石英ガラス、これはSiO_2が100%である。水晶や石英などを加熱熔融したあと冷却してつくる。用途としては、光学用のほか、半導体製造用の容器などがある。これは耐熱、耐薬品性の面で強い。しかし値段が高い。

さて、そこで問題を出す。

問題1

上述のガラスと種類と成分について図書館でさらに詳しく調べ、表にまとめてみよ。

問題2

通常のソーダ石灰ガラスはNa_2CO_3、$CaCO_3$、およびSiO_2を混合熔融して製造する。炭酸塩類だからそれを加熱すると炭酸ガスが発生する。炭酸塩類の加熱分解時に発生するCO_2ガスは、熔融した原料の混合物を攪拌してやるという作用がある。したがって、炭酸ガスが内側から発生するというのはいいことといえよう。そこで、仮に組成が15%のNa_2O、10%のCaO、75%のSiO_2であるとする。それを1000kgつくるのに必要な各原料の重量を求めよ。各原料と

いうのは炭酸ソーダ、石灰石、およびケイ石である。

さて、ガラスのなかの原子配列のイメージとして、ツァッカリアーゼン(Zachariasen)の構造モデル図の大事なところだけを図9で説明する。ガラスを構成している原子の並び方はきちんとしてない。ちょうど魚つりの網の目のような構造になっている。図9の一番左はきちんとした格子だから、これは石英。真ん中が石英ガラス。石英をいったん熔かすと、きちんとした格子状でなくてこのように歪んだような格好になる。普通のガラスは他のいろいろな原子が入ってくるから、ちょうど魚が網の目を破って飛び出そうとしているような格好になっている。一番右にソーダ石灰ガラスを例にして、その様子が描かれている。それで、網の目を構成することのできる元素と、中に入ることのできる元素は決まっている。これをツァッカリアーゼンの構造モデルといって、**網目構造形成成分の元素は**SiO_2、P_2O_5、As_2O_5、B_2O_3などである。網の中に捕まえられているのは**網目構造修飾成分**といってNa_2O、CaO、Li_2O、K_2O、MgO、BaOなどである。他にもメンバーがいる。それがPbO、ZnO、Al_2O_3などで、これらは両方になり得る。つまり、網目構造形成成分と網目構造修飾成分の中間の性質である。以上がツァッカリアーゼンの構造モデルのごく概要である。

(a) 石　英　　　(b) 石英ガラス　　　(c) ソーダ石灰ガラス

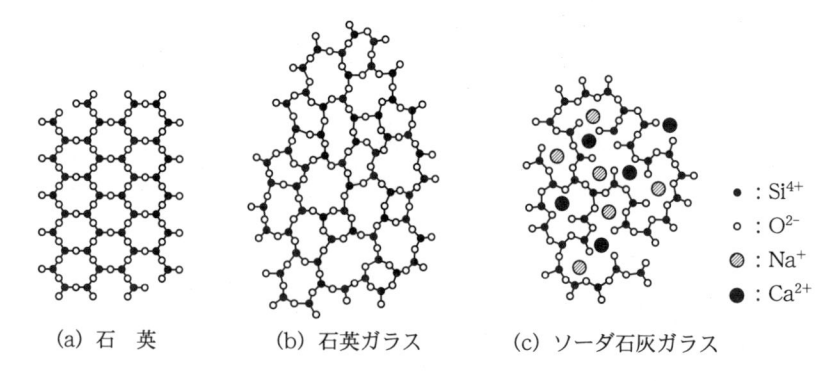

● : Si^{4+}
○ : O^{2-}
◎ : Na^+
● : Ca^{2+}

図9　石英、石英ガラスおよびソーダ石灰ガラス（ツァッカリアーゼンの構造モデル）
（伊藤要『無機工業化学概論』、培風館、1990年、p.142より）

§5 ガラス

> **問題**

　2年生のときに君達が作ったガラスはこの中のどれかの元素をいくつか使っている。それで図9と似たような図ができるわけだが、それを描いてみよ。

　そこで、2年のときにどんなガラスを作ったかというと、まず量り取った試薬というのはホウ砂すなわちホウ酸ナトリウム、$Na_2B_4O_7 \cdot 10H_2O$を4gと、石英砂SiO_2を1.3g、それから酸化鉛PbOを6.7g、それぞれ2ロットである。着色剤として、青色の場合は塩化コバルト（$CoCl_2 \cdot 6H_2O$）を0.01～0.02g、そして緑色の場合は塩化銅（Ⅱ）（$CuCl_2 \cdot 2H_2O$）を0.05～0.20g、別々に量り取って2通りの調合物を作った。これらを別々に乳鉢で混合しながらすりつぶして、別個の磁製るつぼの中に入れてバーナーで加熱し熔かした。熔けた後、るつぼ挟みでるつぼを逆さにして、鉄板の上に内容物を流して徐冷し、ガラスの玉を2種類作ったね[注]。

　これらがどんなツァッカリアーゼンのモデル図に相当する構造図になるかというわけだ。

注：日本化学会編「実験で学ぶ化学の世界4、無機物質の化学・化学の応用」、丸善、平成8年、p.101-104。

§6 結晶とX線回折

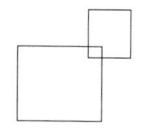

　ついでに結晶系の話、それからX線による回折図の話をしようと思う。シリカというのはSiO_2で、これは耐火物の1つの重要な成分であるという以外にも、様々な特質を持っている。水晶もシリカだ。水晶はきれいな結晶で、鉱物として産出する。有名なのは山梨県の水晶だ。無色透明なものもあるし、あるいは紫水晶という紫色がきれいについているものもある。煙水晶、紅水晶などがある。オパールも主成分はSiO_2である。砂やケイ石もSiO_2ということは知っているだろう。だからシリカは百面相を持っているといってもいいかもしれない。

　水晶の融点は約1710℃で、水晶を一度熔かして冷やしたものは結晶形ではない。やはり一種の過冷却の液体である。これを石英ガラスという。ガラスというのは、一般的には、他にもっと成分が入っているんだけれども、石英ガラスはシリカだけである。

　ケイ石というのは水晶の結晶が巨視的に発達していないSiO_2で、それを冷やして熔かすとやはりガラスになる。そういうものを**不透明石英ガラス**という。水晶のようにきれいな透明なものを熔かして冷やしてやると、**透明石英ガラス**になる。石英ガラスは熱膨張が非常に低い。加熱すると一般に物質は膨張するが、石英は熱してもあまり膨張しない。熱膨張係数を具体的に数字でいえば5.5×10^{-7}/℃程度である。それから耐火度をSKナンバーでいうと34番。真比

重が2.21、見かけ比重は約2.0以上、モース硬度は7である。石英そのものの結晶構造は面心立方体だが、それを加熱熔融してできた石英ガラスはガラス構造をしている。ガラス構造とは原子がきちんと配列していないものをいう。石英ガラスは耐熱性や化学的耐久性が非常に大きい。このように石英や、石英ガラスは、かなりいい性質を持っている。透明石英ガラスは紫外線ないし可視光線に対する透過性が優れている。光を良く通すということである。どんな用途に使われるかというと、透明・不透明にかかわらず、半導体の製造装置に使われたり、耐食反応装置に使われたりする。透明石英ガラスは特に高エネルギーのレーザーに使われたり、紫外線用の光学部品に使われたりする。普通のガラスは紫外線を通さないが、石英ガラスは紫外線を通してくれる。光電光度計という分析装置があるが、石英ガラスでセルが作ってある。石英で作ったセルは、紫外線も通すから分析が精度よくできる。

　しかし、天然産のシリカを原料とした石英ガラスはアルミ、アルカリ、鉄などの不純物を含んでいる。そういった不純物が光を吸収してしまうから、高級な用途には向かない。例えば光通信用のファイバーのようなものは天然の水晶や石英を使ったものではない。人工的に合成している。それはなぜかというと、天然の水晶や石英に含まれる不純物が光を吸収するから、遠距離の光通信には使えないのだ。

　ところで、結晶構造の原子の配列は、実際に目で見ることはできない。どのようにして見るかというとX線の細いビームを試料に当ててやる。しかも波長のそろったX線のビームを当ててやると物質が違えば、明らかに違った回折図形がチャートとして現れる。元々の水晶の粉末試料に**単色X線**を当てると、複数のピークを持った回折図形が得られる。しかし石英をいったん加熱熔融して冷却した試料のX線回折図は、ピークも出ないしあまり特徴がない。結晶というのは原子がきちんと並んだ状態だから、波長の単一なX線が入ってくると、X線の波の山と谷がお互いに打ち消し合っている状態と、それから、山と谷の位置がお互いに強め合う状態とが生じる。強くなったところが回折図のピークになるわけである。

　どういう法則によって山と谷が強め合ったり弱め合ったりするのかという

と、有名なBraggの式というのがある。つまり、入射角θとX線の波長λと格子間の距離dの間に、

$$2d\sin\theta = n\lambda$$

という関係式が成り立つ。通常、n＝1として取り扱う。

　さて、単色X線を鋭いビームで当てるといったけれども、その単色X線というのはどのようにして得られえるかという話を少ししたい。つまり、一種の真空管があって、それにフィラメントと陽極が封入されている。そして高圧電源によって両者の間に電圧がかかっている。陽極はフィラメントからの電子によって爆撃されて発熱するから水冷をしなければならない。それで、人間が感電しないように陽極はアースしてある。結局、装置全体がアースされていることになっている。そうしてだんだん電圧を高めていくと、出てくるX線の波長が変わってくる。始めはぼやっとした連続X線が出るんだけれども、ある電圧以上になると、銅を仮に陽極に使っているとすれば8～9kVで単色X線が出始める。

　ところで、ある金属の原子構造を漫画で書くと、太陽の周りを惑星が回っているように、原子核の周りを電子が回っている。その軌道は内側からK殻、L殻、M殻、N殻となっている。そして、電圧を上げていくと、K殻の軌道におとなしくしていた電子が叩き出されて、L殻に跳ね上がる、それを励起されるという。しかし、励起されっぱなしではなくて、K殻に戻ろうとする。そのときにX線が出るわけである。これをK_α線という。もっと外側のM殻まで励起される電子がある。それがやはりK殻に戻るときに出すX線がK_β線である。一番外のN殻まで行って戻ろうとするものもあり得るが、そこまで普通は励起されない。大体、印加電圧が40kVが実用的である。一般にぼやっとした波長のX線と鋭いある一定の波長のX線とが発生する。鋭い波長の方を**示性X線**、あるいは**特性X線**という。英語ではCharacteristic X-rayである。実はK_α線に$\alpha 1$と$\alpha 2$があるが、それらを平均した数値を使う。K_β線も$K_{\beta 1}$と$K_{\beta 2}$とがあるが、普通使うX線はK_α線だ。K_β線は取り除く。それには適当なフィルターを使う。銅が陽極のときは鉄をフィルターとして使う。

§7 結晶系

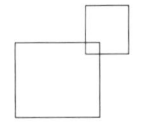

　このようにして得られる示性X線のビームが結晶質の試料に当たると、**回折現象を起こす。結晶系**にもいろいろある。三斜晶系、単斜晶系、斜方晶系、六方晶系、菱面体、正方晶、立方晶系の各辺a、b、cと、それぞれのなす角α、β、γの関係が図10に示してある。a、b、cはみんな等しくなくて、α、β、γも等しくない場合、つまり一般的な場合を三斜晶系という。a、b、cがすべて等しく、角度がすべて90度のときは立方晶系である。例として物質の名前を言うと、三斜晶系ではAl_2SiO_3、硫酸銅五水和物、単斜晶系では$KClO_3$、斜方晶系はガリウム(Ga)、鉄のカーバイド(FeC_3)、六方晶系は亜鉛(Zn)、マグネシウム(Mg)、菱面体は水銀(Hg)、ビスマス(Bi)、正方晶系はインジウム(In)、酸化チタン(TiO_2)、立方晶系は銅(Cu)、食塩(NaCl)などである。

　シリカはどこに入るのかというと、立方晶系に入る。もう少し詳しくいうと、立方晶系には3つある。単純立方、体心立方、面心立方である。例としては単純立方はシリコン、ダイヤモンド。体心立方は鉄、ナトリウム、γ-アルミナ。面心立方はアルミニウム、銅、鉛、シリカ。正方晶系は単純正方と体心正方がある。単純正方は酸化チタン、インジウム、チタン酸バリウム。体心正方は酸化錫、四酸化三マンガン。斜方晶系は四つある。単純斜方と体心斜方、底心斜方、面心斜方。単純斜方はα-硫黄、体心斜方は苛性ソーダや、アルミナの一

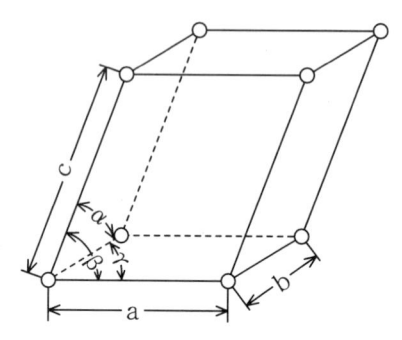

結晶系の名称	a、b、cの関係	α、β、γの関係
三斜晶系 (triclinic)	a≠b≠c	$\alpha \neq \beta \neq \gamma$
単斜晶系 (monoclinic)	a≠b≠c	90°、β、90°
斜方晶系 (orthorhombic)	a≠b≠c	90°、90°、90°
六方晶系 (hexagonal)	a=b≠c	90°、90°、120°
菱面体系 (rhombohedral)	a=b=c	$\alpha = \beta = \gamma \neq 90°$
正方晶系 (tetragonal)	a=b≠c	90°、90°、90°
立方晶系 (cubic)	a=b=c	90°、90°、90°

図10 単位格子の格子定数の組み合わせによって、結晶系が決まる
(西川精一著『金属工学入門第一編金属の基礎』、アグネ技術センター、昭和62年、p.16より)

水和物、底心斜方は炭酸カルシウム（アラレ石）。面心斜方は酸化ホウ素、二酸化マンガン。菱面体はα-アルミナ、α-酸化鉄、六方晶系はマグネシウム、カドミウム、亜鉛、チタン、コバルト、炭酸カルシウム（方解石）など。単斜晶系は単純単斜がβ-イオウなど、底心単斜は石こうの二水和物、アルミナの三水和物、酸化ガドリニウムなどがある。

　結晶構造の重要事項のキーワードをいくつか挙げる。結晶系のほか、単位格子、および格子定数である。単位格子は英語でUnit Cellという。格子定数はLattice Constant。それから、面心立方と六方晶系は原子の最密充填構造である。ボールを積み重ねていって一番密に積み重ねることができる方法が2通りあって、それが面心立方と六方晶系の積み重ね方である。最密充填構造というのを英語でClose-packed Structureという。NaCl型はNa^+イオンの面心立方とCl^-イオンの面心立方がお互いに侵入した形になっている。

　さらに、ミラー指数により、結晶面の方向を定義する。x、y、z軸に沿って

単位の長さa、b、cで測った切片の逆数をh、k、lで表し、（h k l）と表記する。

　ということで、X線の単色光が当たったらどうしてあのようなピークが回折図の上にできるのか。逆にピークが出ないものは結晶構造ではない、そういった話から結晶構造の基本的なことが導かれてきたのである。

課題1

　下図の斜線を付した平面は、x、y、およびz軸とそれぞれ単位長さの$\frac{1}{2}$、1、および$\frac{1}{3}$のところで交わっている。この平面のミラー指数（ｈｋｌ）を求めよ。

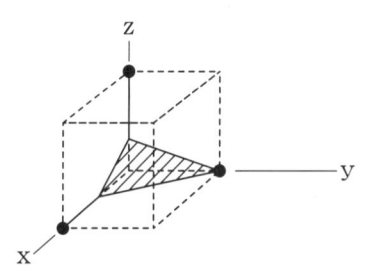

<解>

　斜線を付した平面は、x、y、およびz軸とそれぞれ$\frac{1}{2}$、1、および$\frac{1}{3}$のところで交わっているから、各切片の逆数は、$1/(\frac{1}{2})$、$1/1$、および$1/(\frac{1}{3})$である。よって、この面のミラー指数は（２１３）となる。

問　題

　ある結晶構造の単位格子の格子定数が、それぞれａ、ｂ、およびｃであったとする。この結晶構造において、3a、2b、および2cの点を過ぎる切断面のミラー指数は、どのように表されるか。簡単な図解により説明せよ。

§8 「最初に岩石ありき」

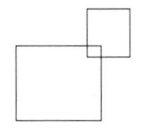

　例えば諸君の身近な金属の一つである銅の場合、これを含む鉱石は黄銅鉱、斑銅鉱、輝銅鉱、銅藍、赤銅鉱などで、銅の用途は電線、電気器具部品、コイン、銅合金（真鍮、青銅）などである。真鍮というのはブラスバンドのラッパ、青銅というのは銅像などに使われている。黄銅鉱は化学式が$CuFeS_2$で、Cuの含有量は34.65%である。

　しかしそこら辺の地盤を持ってきて、銅を取り出そうとしても経済的に成り立たない。なぜならほとんど含まれていないからである。どれくらい含まれているかというと$5×10^{-5}$%のオーダーである。ものすごく少ないので、そのような原料を工場に持って行っても銅はないに等しい。

　そこら辺りの地面がすべて黄銅鉱であるとすると銅は34.65%含まれているはずである。ところがそううまくはいかない。いろいろ他の岩石類や粘土や砂などが混ざっているので10^{-5}%オーダーに希釈されている。

　黄銅鉱の場合、本来は銅が34.65%であるべきものが、$5×10^{-5}$%に薄まっている。ものすごく薄まっている。34.65を$5×10^{-5}$で割ってみると約$7×10^5$になる。だから約70万分の1に薄まっている。それで神様は地球ができるときに鉱山というのをつくって下さった。鉱山ではそこら辺の地面よりも金属化合物の濃度が濃くなっている。それでその鉱山の品位を採鉱品位という。

銅の場合には地殻中には10^{-5}よりちょっと多いくらいのオーダーのパーセントだが、採鉱品位は10^{-3}よりもちょっと多いくらいのオーダーだから、銅の鉱山ではCuが普通の土より100倍濃縮されていることになる。他の例で、ウランの場合にはどうなっているかというと、地殻中、大体10^{-6}%で採鉱品位は10^{-3}%だから、ウラン鉱山では約1000倍濃縮されている。

鉱山を見つけるのは難しい、日本にはそういうのはあまりない。南米、アフリカ、インドネシア、マレーシアだとかそんな地域にある。日本の中でそういう鉱山を見つけたら素晴らしい。

銅の鉱石、すなわち黄銅鉱の結晶があったとすれば、その中の銅は34.65%もある。しかるに銅の鉱山でも10^{-3}%のオーダーしかないから銅以外の不純物がたくさん混じっていることが分かるだろう。

ここら辺がものすごく大事なところだ。模式的なスケッチで示すと、図11のようになっている。白い部分が岩石で、その中に黒いゴマ粒のように点々とあるのが黄銅鉱だ。だから純粋な銅の鉱石をピンセットで岩石の中から取り出すということはそもそもできない。「最初に金属の塊ありき」ではないのだ。「最初に岩石ありき」なのだ。

図11のような岩石を運び込んで、冶金反応や化学反応で銅を取り出そうとするとき、工場で一番最初に行わなくてはならないことがある。

課題1

鉱石から金属を精錬する工場でまず最初に行うべき化学工学的単位操作は何か。

答えは粉砕である。それで粉砕のことを概略話そう。粉砕機には大体4通りがある。一番最初に粗砕機である。例えばジョー・クラッシャー。ジョーというのはあごという意味である。ちょうどあごの形になっている。君達の歯のように、鉱石を顎の部分に入れて砕く。それから中間粉砕機というのがある。粗砕きをした後、中間的に粉砕する。例えばハンマークラッシャーである。これは内部に車があってそれにハンマーが取り付けてある。上からごろごろしたも

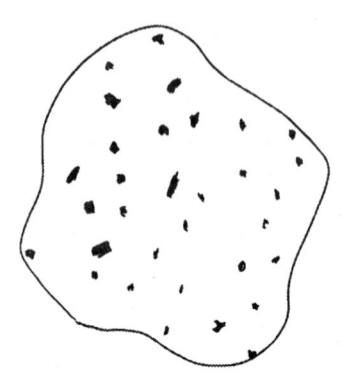

図11 銅の鉱石(例えば黄銅鉱CuFeS$_2$)を含有している岩石断面の模式的スケッチ。黒いゴマ粒状の部分が銅の鉱石。

のが入ってくると、ハンマーが回っているから打ち砕くことができる。下にグレートバーというのがある。グレートというのは格子という意味である。砕かれたものが、その隙間から出てくる。それから微粉砕機。これは細かく砕く装置である。例えば回転衝撃粉砕機とボールミルというのがある。回転衝撃粉砕機は縦形になっていて、打撃棒ピンというのがあって、これが垂直に取り付けてある。これがぶんぶん回っているうちに、ぶち当たって砕けたのがスクリーンから出ていく。ボールミルというのは、要するにドラムの中にボールがたくさん入っている。鉄や磁器でできている。その中に砕くべきものを入れるとボールとガツガツ当たり、砕ける。これが工場では非常によく使われる。さらにこのごろ超微粉砕機が出てきている。例えばジェットマイザーというのが使われる。これは圧縮空気で粉体を送り込んで、内部に付いている、いろんな刃などに吹き付けてさらに砕くというわけだ。ひとくちに粉砕といっても、こういう4段階がある。普通、工場では最初の3つがよく使われる。

　まず鉱山から掘ってくるときに、ダイナマイトでドカンとやって巨大な石ころが出てくるが、それを一番最初に砕くやつはどれだろう。……そう、ジョー・クラッシャーである。あらかじめこれに入るくらいの大きさにまでしてやらなければならない。では初めからボールミルに入れるとどうなるだろう。そう、砕けない。なぜだと思う。ここが大事である。ちょうどかみそりで大木を

§8 「最初に岩石ありき」

切るのと同じようなことになってしまう。微粉砕機というのはかみそりにあたる。大木を切るのにかみそりでやっても切れない。ナタでないといけない。ナタに相当するのがジョー・クラッシャーである。微粉砕には水を注入するのが普通である。粉塵がたつといけない。水を入れて粉塵がたたないようにした泥状のやつが出てくる。そのあとどうするか。浮遊選鉱というプロセスにかける。

銅の場合を例にとりながら、浮遊選鉱の話をしよう。銅というのは日本で生産量が約100万トンである。ただし100万トンだけ使っているというわけではない。使っているのは1.5倍の150万トンである。銅はすなわち年間の使用量が150万トンで、50万トンは輸入している。銅の鉱石はさっきからいっているように黄銅鉱で、本当は$Cu_2S \cdot Fe_2S_3$の形である。硫化鉄と硫化銅の化合物である。それをまとめて2で割って、$CuFeS_2$と書いてもよい。

それで浮遊選鉱の話だが、薬の粉みたいに細かく砕いて、水を加えてどろどろにしたもの（すなわちスラリー）を下のような装置に送り込む。図12の断面図は三角錐みたいな形になっていて、それに円筒のようなものがくっついている。円筒状のものは撹拌室で、撹拌によりスラリーと空気を混ぜる。その鉱石のスラリーは下から入ってくる。そして羽根車で撹拌する。そうすると空気が一緒に入ってきているから泡が立った状態で隣室に移る。それで不思議なこ

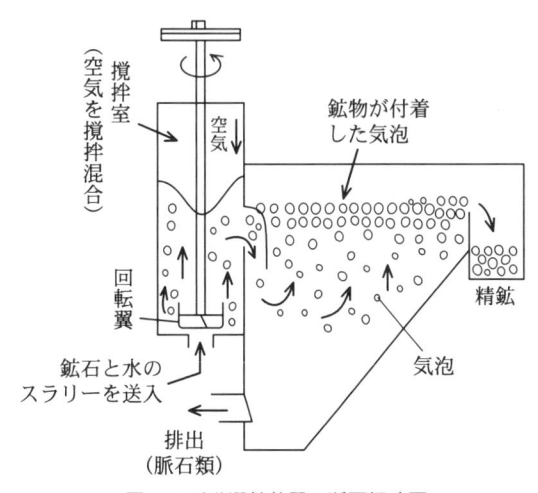

図12　浮遊選鉱装置の断面概略図

とに、泡と一緒に鉱物粒子が浮く。つまり鉱物が細かくなると、空気の泡と一緒に浮く。それでその泡にくっついた分だけをかき集めて取る。それを精鉱という。鉱石の銅品位というのは一番濃いので0.5ないし0.2%の銅が入っているが、この浮遊選鉱法によって得られた銅の精鉱は12ないし25%の銅品位になっている。これはすばらしい方法である。

　それで浮遊選鉱法の原理を少し詳しく説明すると、以下のようになる。これは銅や鉛、亜鉛などの金属に対して適用される方法で、そういう金属は天然に硫化物として岩石中に存在している。さっき述べたように、まずは粉砕をしなければいけない。そうすると脈石（ケイ酸塩）と金属硫化物が粉末の状態で混在している。脈石は、ひらたく言うと岩石類のことである。相互に分かれないで細かくなる場合もある。水に懸濁させてみると岩石類は、水に濡れやすいという性質、つまり親水性がある。一方、硫化物類は、水に濡れにくいという性質、つまり疎水性がある。脈石に富む粒子は水に濡れやすいから水本体の中に取り込まれて下方に沈む。一方、金属硫化物に富む粉は水をはじく。完全にはじくわけではないが、水の中に取り込まれにくい。それに液体の泡を利用するとさらに効果的で、金属硫化物の方が泡にくっつきやすく、岩石類は泡にくっつきにくい。金属硫化物は水に濡れにくいから、泡の方にくっついていく。

　それで、泡を余計に発生させる薬剤、すなわち起泡剤を入れておく。これはパイン油（パインオイル）などである。それから、くっつきやすくする別の薬剤、すなわち捕集剤も入れる。これはキサントゲンサンエチルナトリウムという薬剤である。結局、疎水化という傾向をより強くする。つまり水をはじきやすくするような性質を与える。よって金属硫化物に富む粒子群が、より泡の方にいく性質が強くなる。これによって浮遊選鉱法をより効果的にしている。

　浮遊選鉱法というのはかなり昔、戦前に開発された。ドイツに近いオーストリアの鉱山で鉱夫の人たちが自分の作業服が汚れたので、洗濯した。そうすると石鹸の泡が出る。洗濯水を流したら泡のほうにきらきらしたものがくっついているということで、不思議に思ってそれを分析してみたところ、金属の含有率が高い鉱石粉末がくっついていることが分かった。この現象を、系統的に技術として確立したのが浮遊選鉱法である。

それで君達に気を付けてもらわなくてはならないことがある。それは、浮遊選鉱にかけても有用成分はきれいに分かれないということである。尾鉱（すなわち不要の廃滓）として出ていく有用成分の割合はかなり大きい。最初の銅含有量が1％であった原料に対して、尾鉱の銅の含有量が0.6％くらいであることはごく普通だ。これ、分離したのかなという感じだ。だけど現実はそうである。しかも精鉱の銅品位は50とか80％ではなくせいぜい20％である。工業というのは大量のものを取り扱うから、どうしてもこうなる。

[課題1] ....
　なぜ銅はその鉱石から完全に回収できないのか。他の金属類の場合もそうだろうか。

　もともとの銅の原料鉱石は多種多様の岩石のなかに入り混じっているということを図11のスケッチで見た。白いところが岩石相で、その中に黄銅鉱がポツンポツンと入っている。これを粉砕すると粉末になるが、粉末になっても黄銅鉱だけを取り出すということはできない。それは想像できよう。運よく切断面がごまつぶの中に通ったとする、それでも大部分が岩石でごまつぶのかなりの部分がそれに埋まった状態になっている。つまりもとの鉱石が粉末になっても、岩石をくっつけた状態で黄銅鉱のごまつぶが採れる。そして浮遊選鉱にかけると、残念ながら浮遊選鉱法の装置がそれを岩石そのものと勘違いする。だから、ごまつぶが部分的に岩石相の中に入っているものは尾鉱の方に入っていく。よって銅の鉱石は、その近傍の脈石とは完全には分離されない。それからわかるように、精鉱といえども、これはまだ岩石相を伴った不純な黄銅鉱の形である。まして、銅の金属ではない。これを熔融還元したり、化学操作したり、電気分解したりしてやっと銅の金属になっていく。

§9 銅の熔錬

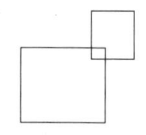

銅の製造というのは図13のようなフローシートで行われる。まず工程を大きく2つに分けて、左側の**溶鉱炉**と**転炉**という部分が最初にあって、その後に**電解精製**という部分が続く。まず溶鉱炉の方から反応が起こる。溶鉱炉には4種類の原料をほうり込む。まず**銅鉱石**が必要である。この化学式は$CuFeS_2$、あるいは$Cu_2S \cdot Fe_2S_3$である。といっても、前章で述べたように、これはまだ脈石を伴った精鉱の段階である。含銀鉱石が2番目の原料。それに石灰石$CaCO_3$を装入し、4つ目は**コークス**であって、これは炭素だから還元剤である。

溶鉱炉の中にこの4つを入れて、温度を約1700〜2000℃に上げてやる。それはコークスを燃焼させることによってできる。あるいは銅鉱石が硫化物であるから、銅鉱石が燃えることによっても発熱する。そういうことによって溶鉱炉が高温になる。高温反応によって銅鉱石中の銅は「かわ」という形になり、鉄はガラス状のカラミになって分離する。「かわ」というのは日本古来の名前である。銅鐸、銅剣などが1000年、2000年前にちゃんとできている。そういう日本古来の銅精錬の技術、それもやっぱりこれと原理的に似たようなものであったと想像される。溶鉱炉というものはなかったが、「かわ」というものを造ったと思われる。だからいまだにこの名前が残っている。「かわ」というのは銅の硫化物Cu_2Sのことである。一方、鉄分が石灰石と高温で反応すること

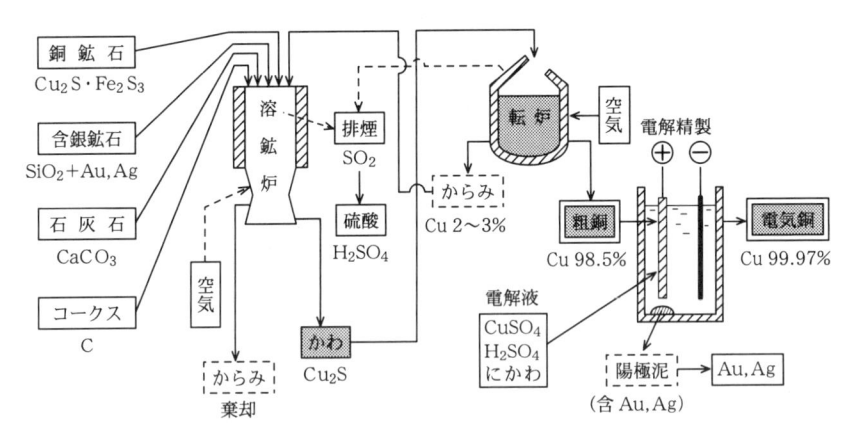

図13 銅鉱石の熔錬と粗銅の電解精製概略
(伊藤要『無機工業化学概論』、培風館、1990年、p.115より)

によって、そしてケイ石も一緒に存在することによって一種のガラスができる。鉄がFeOの形、シリカがSiO_2そのもの、石灰がCaOだから、これが溶け合ったものでガラスができる。ガラスの一般式は$xMO \cdot yCaO \cdot zSiO_2$だから、カラミの場合、M＝Feとなっただけである。鉄はガラスの状態で、溶けた「かわ」の上に浮く。比較的軽いからだ。「かわ」は溶けた状態で溶鉱炉の下に沈む。なぜ沈むのだろう。重いからである。それで銅は「かわ」の状態で沈み、鉄はガラスの状態で浮く。したがって、ここで初めて両方を分離することができる。

　下の栓を抜くと、銅を「かわ」の状態で取り出すことができる。カラミは要らないから捨てる。硫黄のS分は空気で燃焼して二酸化硫黄SO_2になって溶鉱炉の上から出ていく。これを大気中に逃すと大変である。なぜか。酸性雨になるからである。硫酸の雨が降る。だからSO_2は硫酸工場に持って行く。次は「かわ」の硫黄分を取り除かなくてはならない。「かわ」は別の大きな転炉に高温融体のまま入れる。どろどろに溶けた状態で空気を吹き込んでやる。そうするとやっぱりカラミと、銅に富んだ金属状のものの2層に分かれる。硫黄分は空気で燃やしてやるからSO_2になって飛んでいって、やっと金属状の銅が残る。それを取り出して大きな畳のような形に鋳込む。それを粗銅という。その状態だと銅の品位が98.5％に上がっている。浮遊選鉱では20％ぐらいだった銅の品

位が溶鉱炉を通り、転炉を通るとやっと98.5%になっている。ここまでの工程を銅の熔錬という。しかし、ここで得られたものはCu100%ではないから粗銅という名前がついている。これをほとんど100%にするためには電気分解で精製しなくてはならない。

§10 銅の電解精製

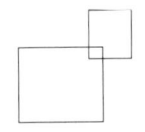

　それで粗銅を陽極に、純粋の銅板を陰極にして電気分解をする。純粋な銅板には**電気銅**というものを使う。これは後で出てくるが、電気分解してきれいになった銅のことである。これを陰極に使う。薄い板だから**種板**（タネイタ）と称する。そうすると銅がその種板の上に電析して、全体が99.97%以上の銅になってやっと純粋に近い銅になる。その時に粗銅の下にパラパラと泥のようなものが落ちてたまる。これが**陽極泥**であり、ここに金と銀が濃縮してきている。その金と銀は最初の装入原料の含銀鉱石からきている。これは回収工場に持って行く。貴重な資源である。電解液としては硫酸銅と硫酸の混合溶液である。にかわを添加するが、これは陰極に析出する電気銅の表面を滑らかにするための効果がある。

　粗銅は98.5%の銅であって、電解精製することによって99.97%の電気銅ができる。そして副産物としてスライムができる。陽極泥のことを**スライム**という。これは金や銀の副産金属を含んでいる貴重な資源というわけである。

　電解精製のところをもう少し詳しくみよう。銅の電気分解の実験は2年の前期に、君達もやった。あの時は陽極も陰極も純銅だったけれど、実際の工業では陽極を粗銅にして電気分解をするというわけである。粗銅の組成の一例では、Cuがまだ98.17%。Auが44g/ton。1tの粗銅の中に44gしかない程度の存在量

である。Agは1437g/ton。Auより量が多い。だからAuよりも安い。Pbが0.30%。Sbが0.087%、Asが0.053%、それからSeとTe。これは兄弟だから分離が非常に難しい。だから工業的な分析のときは、一緒に分析してその合計の数値を出す。その両方が0.04%。それからNiとCo、これも非常に似ているから両方一緒にして数値を出す。それが0.034%。Biは0.008%で、Sがまだ少し残っていて0.059%である。とにかくまだ純粋な銅とはいえない。電線、銅の貨幣、その他の銅製品などをつくるには純粋にしなくてはならない。そのために電解精製を行う。

アノードの反応は金属中の銅がイオンの銅になって溶け出す。そして電子を外部回路に放出する。カソード反応は外部回路からやってきた電子を、溶液中の銅イオンが種板の上で捕まえて金属の銅になる。そういう反応である。これらの電極反応は辺々相足すことができる。左辺は左辺、右辺は右辺どうし足すと、全電解反応になる。これは銅が単に銅になるという反応である。結局、粗銅中の銅が純銅中の銅になる。

電解液は$CuSO_4$とH_2SO_4の混合水溶液である。硫酸銅の濃度はCuでいうと36〜44g/Lで、硫酸の濃度は160〜190g/Lである。それに、にかわと食塩を少しずつ入れてある。これは経験的に入れられたものである。にかわは先ほどいったように電着面の平滑化、すなわち陰極の電気銅の表面を平らにする。もしこれを入れてないと、こぶが出たように陰極の表面が凸凹になる。それだと商品価値が落ちる。それから食塩を少し入れてやると、銀、ビスマス、アンチモンなどを沈殿させ回収することができる。

電解条件としては電解液のほかに電流密度と電解温度がある。電流密度は$1.5〜2A/dm^2$。このA/dm^2という単位はよく工業で使う。電解温度は45〜60℃。電解電圧は通常0.3〜0.4Vである。ここまでが黄銅鉱が金属の銅になる長い旅路だ。このあとも、成形・加工の旅路が続く。それで、やっと銅の電線やコインができる。先日、私が持ってきていたコップは純銅であるが、ああいう純銅製品が突然できるのではない。最初は石ころである。

§10 銅の電解精製

> 課題1

銅の溶鉱炉の装入原料の一つに含銀鉱石というのがあった。もしこれを入れないとどんな不都合が起こるのであろうか。

> 課題2

含銀鉱石の代わりに、ケイ石を入れたらどうなるか。

> 課題3

その場合には工程のどこで違いが生じるか。

＜略解＞

課題1については、カラミができない。ケイ石がないから。では課題2、ケイ石だけでもよい、カラミはできる。課題3、しかしその場合、金と銀が回収できないから損をする。どうせならケイ石に金や銀がくっついているものを入れたほうがよい。その金と銀は溶鉱炉の中でどこにやってきていると思う？金と銀は重い。だからかわの方にやってきている。

次に進もう。銅電解の電解期間は約2週間から3週間である。プラス極が粗銅で、マイナス極が純銅の薄い種板（タネイタ）である。直流電流を通じると、電解液すなわち硫酸銅と硫酸の混合溶液の中に粗銅中の銅が溶けていって、電解液の中を泳いで、相手の種板の上に析出する。だから種板が太っていき、粗銅の方はやせていく。そして電解槽の下にスライムがたまる。これは金や銀を含むが純金や純銀ではない。このスライムをかき集めて金や銀をつくる工場に送らなければならない。そこでいろんな複雑な工程を経てやっと金や銀になる。

電流効率（Current Efficiency）は理論電気量を実際に使った電気量で割ってもいいし、実際に出てきた銅の生成量を理論生成量で割ってもよい。それを％で示すと大体90〜95％である。熔鉱炉への装入原料の一つであった含銀鉱石が単にケイ石だけであったとすれば、電解槽の底に落ちてくるスライム中に金や銀が含まれていない。

純銅の種板が太って電気銅になってクレーンでつり上げられる。さっきまで

は電解槽の中に入っていた。電解が終わったということで、クレーンで引き上げる。これらは畳1枚くらいの大きさで、何十枚、何百枚も引き上げられる。電気銅はさらに加工工場に送られて、電線にしたり、銅の鍋、真鍮、青銅にしたりする。そして最近は銅箔をつくる。それは携帯電話用のプリント配線に使われている。もう一度電気銅を電解し直して、ごく薄い銅の箔をつくるのである。

§11

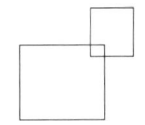

亜　　鉛

　次は亜鉛の話に入ろう。亜鉛は生産量約70万トン。その鉱石は閃亜鉛鉱ZnSの形で産出する。やはり岩石相と一緒に産出するから、浮遊選鉱をしなければならない。粉砕して、粉薬（コナグスリ）程度の粉末にして、泡を立てて、泡の方にくっついてくる粒子群が、よりZnSに富む精鉱である。だけどこれまた不純物がまだ入っている。したがって精鉱を分析してみると、成分の例としては金、銀、銅、鉛、亜鉛、鉄、硫黄、シリカなどである。金や銀はやっぱり亜鉛にもくっついている。Cuは0.2%、Auは0.1g/t、Agは123g/t。Pbが2.5%、Znが49.6%、Feが8.8%、Sが30.1%、SiO_2が3.8%、これがある鉱山の例。また別の鉱山では、それぞれAu0.7g/t、Ag74g/t、以下%でCu0.3、Pb0.9、Zn57.2、Fe5.9、S32.5、および$SiO_2$0.7となっている。

　亜鉛精鉱から金属亜鉛をつくる精錬法には2つある。**乾式法と湿式法**だ。乾式とは火力を用いる方法である。湿式というのは水溶液の電気分解による方法である。銅の場合はこの両方が組み合わさっていた。最初乾式精錬で溶鉱炉でやって、それから電解法、すなわち湿式精錬が組み合わさっていたが、亜鉛の場合はどちらか、単独でもやれる。

　まず**乾式精錬法**の原理を説明しよう。このように簡単である。つまり**焙焼反応**のあとと、還元反応によって金属亜鉛の融体を得て、それを鋳型にはめ込ん

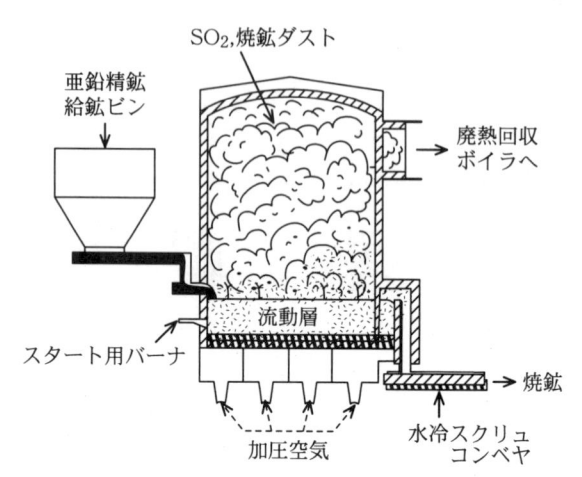

図14 流動焙焼炉の断面概略図
(日本鉛亜鉛需要研究会『亜鉛ハンドブック(改訂版)』、平成6年、p.31より)

でインゴットにする、という流れになる。焙焼というのはものを焼くという意味で亜鉛の精鉱を焼く。図14のような流動焙焼炉を用いる。円筒形の容器の底にたくさん孔が空いていて、その円筒形の容器中に亜鉛精鉱が入れてある。それに火をつけると、硫化物だから燃える。たくさん孔の空いているところへ底部から空気を吹き込む。そうすると粉末の亜鉛鉱石が流動状態になる。粉末が燃えた状態で渦状になる。だから燃焼効率がものすごくよい。そうしてSO₂は硫酸工場へ、燃えた後の酸化鉱、すなわち焼鉱は底の方から取り出せる。ZnSを酸化してZnOにしてやるわけである。硫黄は二酸化硫黄になって飛んでいく。これは回収して硫酸にする。このようにいったんZnOまでしておいて、あとOを取ってやればよい。だからコークスによって還元をする。

$$ZnO + C \rightarrow Zn(g) + CO$$

となって金属亜鉛ができる。温度が高いから亜鉛はガス状になっている。つまり亜鉛の蒸気が出る。COにも還元作用があるから、ZnOをZn(g)にする反応を手助けし、CO自身は酸化してCO₂となる。コークスに少し酸素を与えてやって半分燃やすような形にしてやると、COができる。それがまた、ここにやってくる。

$$ZnO + CO \rightarrow Zn(g) + CO_2$$
$$C + 1/2 O_2 \rightarrow CO$$

そうして亜鉛の蒸気をいっぱい発生させたあと、コンデンサーという、レンガで造った部屋に亜鉛の蒸気を導く。その中で亜鉛の蒸気が液化するから、鋳型に流し込んで固体にする。そしてできた大きな板チョコ型の亜鉛の塊を**亜鉛インゴット**という。銀白色で、純度は99.8%である。これをTwo-Nine Eightという。これが乾式精練法である。

次は**湿式精練法**の原理である。精鉱をまず流動焙焼炉で焼く。焙焼まではさっきの乾式と同じようなものである。この後が違う。浸出反応というのが待っている。亜鉛を溶かし出してやらなくてはならないから、焼鉱に硫酸を反応させて硫酸亜鉛をつくる。これを浸出液というが、鉄や銅やカドミウムなどの不純物を含んでいる。

次の工程は**清浄工程**である。清浄工程というのは硫酸亜鉛の水溶液をきれいにするための工程である。主に2つの柱からなっている。それは**除鉄反応**と、**除銅および除カドミウム反応**である。含まれている不純物イオンを沈殿させてやらねばならない。鉄は溶液中にFe^{2+}のイオンになって溶け込んでいる。鉄の2価というのはなかなか沈殿しない。だから沈殿しやすい鉄の3価にしなくてはならない。そのためには酸化剤を入れる。何を酸化剤にするかというと、MnO_2(二酸化マンガン)である。ただし作用しやすいpHにしてやらなくてはならない。pHを調節して鉄をFe^{3+}の状態にしてやると、水酸化鉄$Fe(OH)_3$になる。これはもやもやの沈殿である。ゆっくりゆっくり沈殿して浄液槽の底にたまる。それをろ過するのにバート・フィルターという特殊な加圧式フィルターを使う。

浸出液中にはまだ銅とカドミウムが入っているので、それらを除かなければならない。これらを取り除く方法は昔の人が一生懸命に考えた結果、亜鉛の粉末を中にぱらぱらと入れてみようということになった。亜鉛がイオンになって溶けていく代わりに、相手の銅とカドミウムが金属状態の細かい沈殿になって析出する。それがゆっくり浄液槽の底の方にたまる。硫酸亜鉛水溶液の中に新

たに亜鉛が入ったところで、影響はない、溶液が汚れることはない。しかも不純物イオンが沈殿になって除かれる。なぜこのような現象が起こるのだろうか？　イオン化傾向の差によって起こるのである。亜鉛の方が銅やカドミウムよりもイオン化傾向が大きい。だから亜鉛がイオンになり、銅やカドミウムが金属の沈殿になる。

　きれいになった電解液を電解工程に送る。陽極には不陽性陽極を使う。このやり方を電解採取という。陰極にアルミを使って陽極に鉛の合金板を使う。そうすると亜鉛のイオンが電子によって還元されて亜鉛の金属になり、陰極アルミ板の上に電析する。陽極はただ電気を流すだけの役目である。水が分解して酸素を出すと、水素イオンが生じると同時に電子を放出する。陰極反応と陽極反応を辺々相足すと、左辺は亜鉛の2価のイオンおよび水、右辺は亜鉛の金属、それに酸素ガスが発生し、かつ水素イオンが出てくる。すなわち

陽極反応	$H_2O \rightarrow 1/2O_2 + 2H^+ + 2e^-$
陰極反応	$Zn^{2+} + 2e^- \rightarrow Zn$
全　反　応	$Zn^{2+} + H_2O \rightarrow Zn + 1/2O_2 + 2H^+$

ところが、Zn^{2+}イオンは硫酸亜鉛のかたちであったから、結局

$$ZnSO_4 + H_2O \rightarrow Zn + H_2SO_4 + 1/2O_2 \quad \cdots\cdots\cdots\cdots\cdots\cdots\cdots\cdots\cdots\cdots (3)$$

となる。

　亜鉛電解は銅電解の場合と様子がだいぶん違う。電解反応によって採取された金属亜鉛は、電気亜鉛と呼ばれる。この電気亜鉛は99.9ないし99.99％の純度の亜鉛である。電解を始めるとき、電解槽に硫酸亜鉛と硫酸の混合水溶液を電解液として入れてやる。Zn^{2+}濃度が55ないし70g/Lで、硫酸濃度が120ないし165g/Lである。

　陽極には前述のように鉛合金板を使うが、それは鉛というのは硫酸に溶けないからである。硫酸鉛の保護被膜を陽極表面に作ってくれる。しかし、鉛だけでは機械的強度が弱いから銀なんかを加えて、陽極に使う。これは溶けないか

ら不溶性陽極という。

　亜鉛電解のような方式を、工業的にはInsoluble電解と称している。Insolubleというのはアノードが不溶性という意味の英語である。陰極の方はアルミ板を使う。そうすると、亜鉛が電解によって陰極のアルミ板の上に電着して、陰極の厚みが大きくなっていく。そうやって電気亜鉛ができる。銅の場合は電気銅といった。いずれも、電気分解によって生成したという意味である。亜鉛電解で大事なことは、なるべく純粋な電解液を作ることである。なぜかというと電解液の純度が即、電気亜鉛の純度になってしまうからである。しかも電解液が汚れていて、他の金属イオンが含まれていたら、亜鉛が陰極に析出するということすらできない。これは水素過電圧という現象とも絡んでくる（これについては後で詳しく述べる）。その2つの理由で、硫酸亜鉛の高純度の溶液を作って硫酸と混合して電解液にするというのが、キーポイントである。この方式を**電解採取**という。

　銅の電解のときはSoluble電解である。これは陽極が溶け出すという意味である。銅電解のときの陽極は粗銅であったから、むしろ銅が溶け出してくれないと困る。そして銅だけ溶け出してくれて陰極の方に泳いでいって電気銅ができる。したがってSoluble電解という。このようにして純度を上げるやり方を**電解精製**という。

　p.60に表3　標準電極電位というのがある。この表はアメリカの化学の本から借用してきたものだが、電気化学のどの書物の表でもよい。

表3 標準電極電位 注 (Standard Electrode Potentials)

標準酸化電位 (SOP) (Standard Oxidation Potential) (volts)			標準還元電位 (SRP) (Standard Reduction Potential) (volts)
3.05	$Li^+ + e^-$	$= Li(s)$	-3.05
2.93	$K^+ + e^-$	$= K(s)$	-2.93
2.90	$Ba^{+2} + 2e^-$	$= Ba(s)$	-2.90
2.87	$Ca^{+2} + 2e^-$	$= Ca(s)$	-2.87
2.71	$Na^+ + e^-$	$= Na(s)$	-2.71
2.37	$Mg^{+2} + 2e^-$	$= Mg(s)$	-2.37
1.66	$Al^{+3} + 3e^-$	$= Al(s)$	-1.66
1.18	$Mn^{+2} + 2e^-$	$= Mn(s)$	-1.18
0.76	$Zn^{+2} + 2e^-$	$= Zn(s)$	-0.76
0.74	$Cr^{+3} + 3e^-$	$= Cr(s)$	-0.74
0.44	$Fe^{+2} + 2e^-$	$= Fe(s)$	-0.44
0.41	$Cr^{+3} + e^-$	$= Cr^{+2}$	-0.41
0.40	$Cd^{+2} + 2e^-$	$= Cd(s)$	-0.40
0.36	$PbSO_4(s) + 2e^-$	$= Pb(s) + SO_4^{-2}$	-0.36
0.34	$Tl^+ + e^-$	$= Tl(s)$	-0.34
0.28	$Co^{+2} + 2e^-$	$= Co(s)$	-0.28
0.25	$Ni^{+2} + 2e^-$	$= Ni(s)$	-0.25
0.15	$AgI(s) + e^-$	$= Ag(s) + I^-$	-0.15
0.14	$Sn^{+2} + 2e^-$	$= Sn(s)$	-0.14
0.13	$Pb^{+2} + 2e^-$	$= Pb(s)$	-0.13
0.00	$2H^+ + 2e^-$	$= H_2(g)$	0.00
-0.10	$AgBr(s) + e^-$	$= Ag(s) + Br^-$	0.10
-0.14	$S(s) + 2H^+ + 2e^-$	$= H_2S$	0.14
-0.15	$Sn^{+4} + 2e^-$	$= Sn^{+2}$	0.15
-0.15	$Cu^{+2} + e^-$	$= Cu^+$	0.15
-0.20	$SO_4^{-2} + 4H^+ + 2e^-$	$= SO_2(g) + 2H_2O$	0.20
-0.34	$Cu^{+2} + 2e^-$	$= Cu(s)$	0.34
-0.52	$Cu^+ + e^-$	$= Cu(s)$	0.52
-0.53	$I_2(s) + 2e^-$	$= 2I^-$	0.53
-0.77	$Fe^{+3} + e^-$	$= Fe^{+2}$	0.77
-0.79	$Hg_2^{+2} + 2e^-$	$= 2Hg(l)$	0.79
-0.80	$Ag^+ + e^-$	$= Ag(s)$	0.80
-0.92	$2Hg^{+2} + 2e^-$	$= Hg_2^{+2}$	0.92
-0.96	$NO_3^- + 4H^+ + 3e^-$	$= NO(g) + 2H_2O$	0.96
-1.00	$AuCl_4^- + 3e^-$	$= Au(s) + 4Cl^-$	1.00
-1.07	$Br_2(l) + 2e^-$	$= 2Br^-$	1.07
-1.23	$O_2(g) + 4H^+ + 4e^-$	$= 2H_2O$	1.23
-1.23	$MnO_2(s) + 4H^+ + 2e^-$	$= Mn^{+2} + 2H_2O$	1.23
-1.33	$Cr_2O_7^{-2} + 14H^+ + 6e^-$	$= 2Cr^{+3} + 7H_2O$	1.33
-1.36	$Cl_2(g) + 2e^-$	$= 2Cl^-$	1.36
-1.47	$ClO_3^- + 6H^+ + 5e^-$	$= \frac{1}{2}Cl_2(g) + 3H_2O$	1.47
-1.50	$Au^{+3} + 3e^-$	$= Au(s)$	1.50
-1.52	$MnO_4^- + 8H^+ + 5e^-$	$= Mn^{+2} + 4H_2O$	1.52
-1.77	$H_2O_2 + 2H^+ + 2e^-$	$= 2H_2O$	1.77
-1.82	$Co^{+3} + e^-$	$= Co^{+2}$	1.82
-2.87	$F_2(g) + 2e^-$	$= 2F^-$	2.87

注：W. L. Masterton and E. J. Slowinski, "Chemical Principles," W. B. Saundens Co., 1966, pp.506-7. より一部抜粋。イオン種はすべて水溶液中にあるので、(aq) という記号を省いてある。たとえば Fe^{+3} は、Fe^{+3} (aq) のことである。

§12 水素過電圧

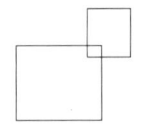

　それで、1つだけ大事なことがある。何かというと水素である。$2H^+ + 2e^- = H_2$ というやつ。これが基準の電極反応であるから、0Vとなっている。表3は標準電極電位ともいうし、標準酸化還元電位ともいう。標準とは標準状態の水素電極を基準にしているからである。そしてまた、すべてのイオン種について濃度が1Mで、温度が25℃に統一してある。各半反応（half reaction、例えば$Au^{3+} + 3e^- = Au$）、これが他の半反応と一緒になっていろいろの電池反応が起こり得る。これらの半反応の右向きが還元であり、左向きが酸化である。還元というのは金属イオンが電子を受け取って、金属ないし単体になる。そういう場合の電位を還元電位という。酸化はその逆である。

　この表をよく見るとイオン化傾向と大体同じ順番で、金属が並んでいる。上の方にいくに従ってイオン化傾向が大きくなっている。イオン化傾向が大きいということは、鉄と銅を比べながら考えてみると、鉄の方がイオン化傾向が大きい。亜鉛はかなりイオン化傾向が大きいからもっと上の方にある。金属でいるよりもイオンでいるほうが楽である。したがって、亜鉛電解で電解液中の亜鉛イオンを電解して、陰極上で電気亜鉛にするということは、かなり難しいことなのである。それで注目してほしいのは、亜鉛の位置よりも、水素の位置の方が下であるという点である。ということは、水素の方がイオン化傾向が小さ

いという性質を持っているということである。亜鉛と比べてみた時に、そういうことでは実は困る。亜鉛の電解液というのは水素イオンと亜鉛イオンの混合溶液であるから、亜鉛よりも水素の方が単体になりやすいということを意味する。亜鉛の方がイオンのままでいたいのである。それなのになぜ亜鉛が水素よりも先に金属になってくれるのだろうか。実際において亜鉛電解によって金属亜鉛をつくるのに世界中の諸先輩の技術者達が苦心した。何度やってもできなかった。水素が先に出てくる。しかし何とかしてつくりたいという目標を立てて、試行錯誤や国際的な技術開発が行われた結果、陰極の材質を変えてみようということになった。それまではステンレスだとか、黒鉛、鉛など、硫酸に溶けないもので片っ端から陰極板として実験をやってみたけれど駄目だった。

　それで、ある人がアルミを使ってみた。機械的強度が小さい上に、化学的にも侵されやすいアルミなど使おうとは、それまで誰もしなかった。しかしアルミ板を使ってみると、水素があまり出なくて亜鉛が電析できた。つまり理屈では考えられないことが起こった。それでまた、そこから理屈付けの学問が行われた。つまり、水素の位置（0.000V）がずっと上がってきたんだと考えた。$2H^+ + 2e^- = H_2$がね。これは0.000ではなくて$-0.76V$以下になったのに違いないと。そうしたら、亜鉛の方が水素よりも一見イオン化傾向が小さいというポジションになる。そうすれば水素ではなく、亜鉛が陰極表面に析出すると考えても矛盾はない。先輩達はこの現象に水素過電圧という名前を付けた。したがって陰極のアルミの表面において、水素過電圧が発生して、本来のポテンシャルよりもマイナス側に水素が位置した。つまり亜鉛よりも一見あたかもイオン化傾向が大きくなったと考えられるのである。そういう現象を水素過電圧という。そのおかげで亜鉛電解が工業的に可能になった。よく学生諸君が勘違いするのは、工場などで水素過電圧というボタンを押すのだと考えていることである。そのようなことはしない。アルミ板を陰極に使えば何もしなくても水素過電圧は発生する。強いていえば、神様がボタンを押している。

　アルミニウムや亜鉛の表面で、通常の電流密度の場合（0.7ないし$0.8A/dm^2$）、絶対値で0.9ないし1.0Vの値が水素過電圧の大きさである。そうすると亜鉛の酸化還元電位が$-0.763V$だから、この水素過電圧のおかげで、陰極つまりア

ルミニウム板上に水素ガスがあまり発生することなしに亜鉛が析出してくれる。では、亜鉛電解だけしかそのような現象が起こらないのかというと、そうではない。他にはクロムやマンガンの電解の時も起こる。しかし、その時には値がかなり小さくて、-0.3Vくらいの位置である。だけどクロムの標準電極電位は-0.74Vくらいだから、クロムを水溶液電解で陰極に析出させようとすると、水素がぼこぼこ出ながらやっとクロムが陰極の表面に析出してくれる。そういう状態になる。水素過電圧が効いても絶対値で0.3Vくらいであるから、この標準電極電位のクロムが析出すべき電位-0.7Vまではカバーできない。したがって、やっとクロムは陰極に析出はするが、同時に水素が泡になって、陰極の表面から多量に発生する。だから電流効率が非常に悪い。マンガン電解の場合もそうである。

　本によっては水素過電圧はものすごく難しく書いてある。だけれども、この程度の理解でも十分だと思う。いくら理屈を難しくいっても分からないならば仕方がない。では、銅電解のときには水素過電圧は働かなくてもいいのだろうか。銅の場合は、水素過電圧はゼロではないが、その出番がなくても銅が析出する。銅の方が水素よりもイオン化傾向が小さく、より単体になりやすいからである。このことは表を見ればすぐ分かるだろう。

§13 アルミニウム

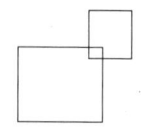

　これは金属でできているお盆だけれども、これは何でできていると思うだろうか。そう、これはアルミニウムでできている。現代生活に欠かせない広い用途を持つアルミニウムは銀白色の金属であるが、「最初から金属ありき」ではない。銅と同様、最初にあるのは金属とは似ても似つかない、泥の塊みたいなやつである。それは、ボーキサイトだ。アルミニウムの原料はアルミナであるが、その前の段階の原料として、ボーキサイトというものがある。これは粘土みたいなものだ。

　それでいったい、どのような人達が、ボーキサイトをアルミニウムにするような方法を発明したかということである。これは今から百数十年前にアメリカとヨーロッパで研究が行われた。それで、一番の問題点は、アルミナまではできるがその先がなかなかできなかったことである。アルミナとはアルミの酸化物だ。アルミナから酸素をどうやって離すかということができなかった。君達だったらどうするだろう。

　この前、水素過電圧の話をした。一生懸命、先輩達が研究したのはアルミニウムの水溶液（硫酸アルミニウム、硝酸アルミニウム、塩化アルミニウム）を何とかして電気分解して、アルミニウムを電析させようというものだった。しかしできなかった。なぜできないのだろうか。この前の標準電極電位の表のア

ルミニウムの位置を見てほしい。水素過電圧が働いて、やっと電解することができた亜鉛と比べてみても、もっと上の位置にある。ということは、電気分解しても水素過電圧がカバーできない。だから陰極には水素だけが出てくる。では、水溶液が使えないなら、何を使うか。そこで今日の話に入る。

　先輩達は次の手として、アルミナを何とかして融体にして電気分解をしようとしたのだ。アルミナまでは何とかしてつくれた。問題はそれからである。1886年にアメリカのホール(Hall)という人、それから、フランスのエルー(Héroult)という人が別々に同年に、しかも23歳という若さで発明した。どんな原理かというと、まともにアルミナだけを加熱して溶かそうとしてもとてもじゃないけど溶けないから、添加物を入れてみようということになった。つまりアルミナの融点は2050℃と非常に高い。実験室なんかではほとんど到達できないくらい温度が高い。しかも、できた融体は電気をほとんど通さない。これではせっかく温度を上げても電気分解できない。

　そこで、添加剤を何種類か入れてみたが効果があったものと、なかったものが出てきた。そしてこれだという効果のあるものが見つかった。それは氷晶石というものである。化学式はNa_3AlF_6である。これをあらかじめ混合しておけば融点が半分以下になったのである。1000℃以下になったのである。しかも電気伝導度が上がるということも分かった。これは素晴らしい発見であった。そのおかげで、電気分解でアルミニウムが製造可能となった。電解反応は全体をひっくるめていうと、アルミナを炭素が還元するという反応に帰着する。そして炭素は自分自身が酸化されて、二酸化炭素CO_2になって、外へ逃げていく。式で書くと

　　陽極反応　　　$3C + 6O^{2-} \rightarrow 3CO_2 + 12e^-$
　　陰極反応　　　$4Al^{3+} + 12e^- \rightarrow 4Al$
　　―――――――――――――――――――――――
　　全反応　　　　$2Al_2O_3 + 3C \rightarrow 4Al + 3CO_2$

となる。電解炉の中では熔融状態のアルミがちゃんとできて槽底にたまっている。電流密度約50〜120A/dm^2、槽電圧、つまり電解槽にかかる電圧は約6V、

電流効率は85～90％である。

　ホール (Hall) とエルー (Héroult) の話を少ししよう。ホールもエルーも1863年という同じ年に生まれた。大西洋を挟んでアメリカ大陸とヨーロッパ大陸である。この方法を発明したのが2人とも23歳の時である。それから1914年という同じ年に死んだ。アメリカの人はアルミニウムの熔融電解法をホール・プロセスと呼んでいる。しかしフランスではエルー・プロセスと呼ぶ。だからアメリカの教科書とフランスの教科書では内容は同じだけれども名称が違う。日本では公平な立場でホール・エルー・プロセスという。

[課題1] ....
　アルミニウム電解法の近代的な装置をいろいろの書物で調べ、それらを自分自身でスケッチしてみよ。

　ところで、中間原料のアルミナの話をしよう。泥の塊みたいなボーキサイトからどうやってアルミナをつくるかということである。まず、ボーキサイトを例によって粉砕する。そして苛性ソーダでボーキサイトを高圧釜のようなもので煮る。そうすると、ボーキサイトの中のアルミの水酸化物のような格好のものが、苛性ソーダによって分解されてアルミニウム分が抽出される。抽出されてどういう状態になるのかというとアルミン酸ソーダというものになる。これは化学式でいうと$NaAlO_2$である。これは水溶液である。ボーキサイト中の不純物のうち、苛性ソーダに溶けない不純物は濾過分離される。その大部分は酸化鉄である。酸化鉄は赤茶けている。したがって赤泥（red mud）という。アルミン酸ソーダの飽和水溶液に、ある種の刺激剤を入れてやると水酸化アルミニウムが析出してくる。ある種の刺激剤というのは自分自身である。つまり水酸化アルミニウムを沈殿させようとしてもなかなか沈殿しないのでこれに自分自身、つまり水酸化アルミニウムの粉末を入れてやる。それをシード（seed）、すなわち種子という。そしたら水酸化アルミニウムの沈殿が出てくる。それを沈降分離する。そうすると上澄みができる。この上澄み液は水酸化ナトリウムである。だから、これをまたリサイクルする。分離した水酸化アルミニウムを

濾過して洗浄する。水酸化アルミニウムをアルミナにしなければならない。そこで焙焼する。そうするとAl_2O_3になる。つまり加熱すると水分が飛んでいって、アルミナ(Al_2O_3)になる。このような素晴らしい方法を1888年に発明した人がいる。オーストリア人で、バイヤー(Bayer)という人である。したがってこの方法をバイヤー法という。

アルミニウムは国内生産量はわずか3～4万tであるが、国内使用量は230万tである。その1割も日本ではつくっていない。ほとんど海外で製造されたものを日本に持って来ている。用途は航空機、輸送機、建材、金物、アルミホイルなど、交通機関から日用品まであらゆるところに使われている。

ボーキサイト中に含まれているAl分は、化学形としては$Al_2O_3 \cdot nH_2O$だから、単に焼いてやればnH_2Oが飛んでいって、残りはAl_2O_3、すなわちアルミナになるのに、どうしてバイヤー法のように、あんなに遠回りの方法を取るのだろうか。それはボーキサイト中に不純物があるからである。不純物があるから、苛性ソーダで溶かしてまた再生したりする。では、その不純物の含有量はどうなっているのだろうか。鉄分Fe_2O_3が10％、水分が30％（工業的に水分だけを分析するのは難しいから、ボーキサイトを焼いてみる。そしてどのくらい重さが減ったかをみる。焼いて飛んでいったのは水分と見なす。正確には灼熱減量という。）、シリカSiO_2が5％、酸化チタン3％以下。それでアルミナは$Al_2O_3 \cdot nH_2O$の形で含まれている。n＝3のときギブサイト型、n＝1のときベーマイト型という。どちらが処理しやすいかというとギブサイト型の方が処理しやすい。だから昔からギブサイト型の方ばかり掘っていたので世界的に枯渇してしまった。今はベーマイト型で、苛性ソーダ溶液には溶けにくいのだけれどもしようがない。ところが日本にはどちらの型もまったくない。それで海外から輸入している。どこから輸入していると思う。はるばる海を越えてオーストラリアからである。

実はボーキサイト中のSiO_2の含有量が、ものすごく大事な値である。せいぜい5～6％どまりでなければならない。つまり、ボーキサイト中のSiO_2許容含有量は5～6％までである。これが7とか8％ではせっかくアルミナが入っ

ていても使えない。なぜかという話をする。その理由は、SiO_2はアルミナや苛性ソーダと反応してソーダライトというものをつくるからである。ソーダ分とアルミナ分を巻き込んで、沈殿となって逃げてしまうのである。とにかく、せっかくボーキサイトの中にアルミナ分が含まれていても、シリカSiO_2があれば、ボーキサイト中のアルミナはいったん溶けてきてもまた沈殿してしまうから、溶けなかったのと同じになってしまう。せっかく加えた苛性ソーダもロスをする。相当量のSiO_2が含まれていても、それがバイヤー法の原料として使えるようにしたら、ノーベル賞ものである。

　アルミナを含んだ鉱石が日本にはないかというと、そういうことはない。ボーキサイトはないけれど、それに似たものはふんだんにある。粘土はボーキサイトにものすごく似ている。粘土の組成は$Al_2O_3 \cdot 2SiO_2 \cdot 2H_2O$である。それではボーキサイトの代わりに粘土をバイヤー法を用いて処理できないか。SiO_2の含有量が多いので処理できない。粘土の中のSiO_2は約47％もある。粘土からアルミナが抽出できたらものすごくいいのだけれども。

　日本には粘土があるけれども、なぜボーキサイトが産出しないのかという話をする。地球の赤道の周辺にボーキサイトが出る。オーストラリアの北部は赤道に近いところにある。マレーシア半島やインドネシアの島々などもそうである。シンガポールの付近にビンタン島というのがあって島そのものがボーキサイトであった。しかし今は掘り尽くしてなくなってしまった。オーストラリアの北部にグラッドストーンというのがあってボーキサイトの宝庫である。このように限られた地域をボーキサイトベルトという。なぜそういうふうに赤道の直下のある程度の幅でしかボーキサイトが出ないかというと、粘土の化学式をよく見なさい。$Al_2O_3 \cdot 2SiO_2 \cdot 2H_2O$だから、$Al_2O_3$と$SiO_2$の間の結合が切れればボーキサイトである。幸い太陽の直下であれば、ものすごく熱い直射日光やスコールが何万年、何億年と粘土を風化させて、化学結合が切れていったのである。そして$Al_2O_3 \cdot nH_2O$になったと考えられる。ところが日本はそういう気候でないから粘土がそこまで風化していない。だから日本にはボーキサイトはない。

　もう一度繰り返すが、アルミン酸ソーダ水溶液の中から水酸化アルミニウム

§13 アルミニウム　69

(a) ゼーダベルグ式

炭素陽極（コークス+ピッチ）
陽極母線（ブスバー）
導電棒（スパイク）
アルミナ（原料）
電解浴
溶融アルミニウム（製品）
炭素陰極
陰極導体
耐火レンガ

(b) プリベイク式

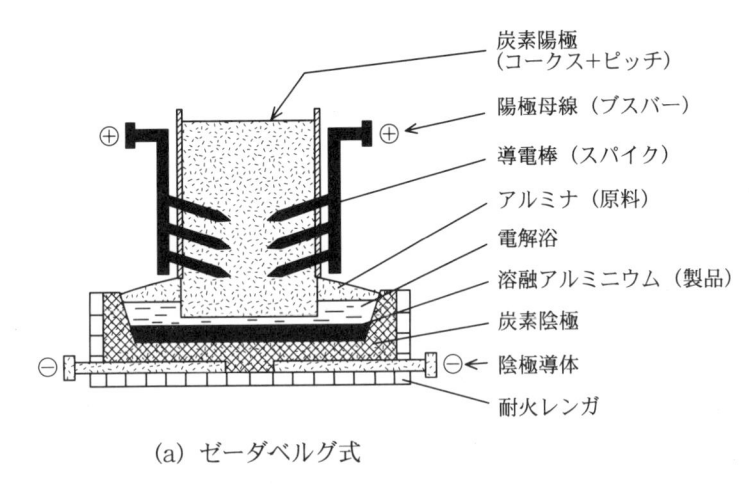

アルミナ（原料）
溶けた電解質
溶融アルミニウム（製品）
導電棒
炉カバー
炭素陽極
炭素
陰極導体
耐火レンガ
陽極母線（ブスバー）

図15　アルミニウム熔融塩電解炉の2方式の断面概略図

が析出する時に種子（シード）を入れなければならない。それでシードを入れる無機化学反応というのはバイヤー法が代表的なものであるということを覚えておいてもらいたい。それから、あと1つ。アルミニウムの電解槽には2通りのタイプがある。すなわち、(a) ゼーダベルグ式と(b) プリベイク式である。それらを図15に示す。ゼーダベルグ式では真ん中に入れ物があって「コークス＋ピッチ」、つまり炭素陽極が入れてあって、陽極のブスバーから槍みたいなものが突っ込んである。そして下に電解槽があって、その槽底にアルミニウムが溶けた状態でたまっている。電解液はアルミナと氷晶石の混合した融体。上に原料アルミナがある。これはゼーダベルグという人が発明した電解炉であ

る。どういう点が発明に値したかというと、ここの真ん中の炭素陽極の「コークス＋ピッチ」というべとべとのものを最初に入れておくと、それが電解槽自身の高熱によって、だんだん下部から焼き固まっていく。そして電解に伴う消耗分だけ「コークス＋ピッチ」を上から補給してやれば自動的に、この炭素陽極を取り替えることなしに操業できるというやり方である。プリベイク式では、炭素陽極が一定期間の使用後に消耗したら、新品と取り替えなければならないやり方である。これはあらかじめ炭素陽極を焼いて作っておき、それをぶら下げて陽極にして電気分解をする。プリベイク式とは"pre-bake"すなわち、「あらかじめ成形して焼成しておいた陽極」を使うという意味で、今度は人の名ではない。この2つの方式があることを頭に入れておいてほしい。

§14 アルミ工業における日本の立場

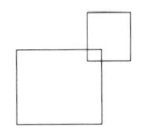

　ところで前回、アルミニウムの日本での使用量は230万 t なのに国内生産量はわずか3〜4万 t であるという話をした。そして宿題として、「なぜ、日本ではアルミニウムの電解製造が成り立たないのか、どうかを考えてみよ」という問題を出しておいた。諸君の解答のうち、よく考えてくれた例が3つあったのでそれを紹介する。1つ目、アルミニウムは原子価数が3と大きく、電解電圧が6Vと高いのでこの電圧を低下させるか、または電解浴の伝導率を上げれば安価にアルミニウムをつくれるようになると考えられる、というものである。2つ目、電気分解以外に何かよい方法がないだろうかと書いてある。全くその通りである。国内外の人々はそのような方法を長年探し求めた。3つ目、海外の生産に頼らざるを得ない、と書いてあった。現実的な解答である。確かに日本の各アルミメーカーは、より安い電力を求めて海外に進出していった。それで三井グループはブラジルへ、住友グループはインドネシアへ出ていった。戦前、日本は海外にアルミ精錬工場を持っていた。朝鮮半島の鴨緑江のところに水力発電所を築き、その電力を利用して巨大なアルミ精錬工場を持っていた。しかしそれは敗戦とともに向こうに置いて引き上げた。

　本論に入って、なぜ日本でアルミをつくると高くつくのかという説明をする。諸君も気がついた通り、アルミ工業は大電力消費型の製造工業である。しかも

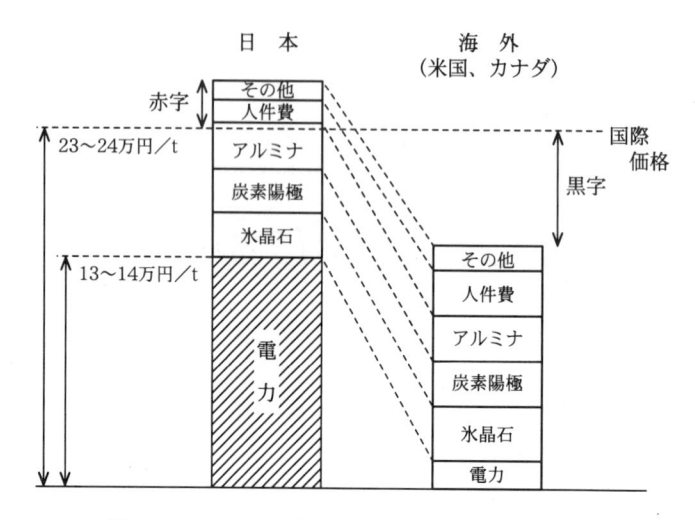

図16 アルミニウム製造工業のコスト比較例

アルミには国際価格があって、23〜24万円／tである。日本は図16を見ると分かるように、電力が半分くらいのコスト構成を占める。つまり、電力費だけで既に13〜14万円／tである。その他のもののコスト成分を足すと23〜24万円というのは軽く超えてしまう。ところが海外、特に米国、カナダの場合は電力が日本の10分の1くらいで、ものすごく安い。他のコスト成分は、技術がどこの国もほぼ同じだからほぼ同じである。そうするとアメリカ、カナダは黒字である。必然的に日本のアルミ工場はどんどんつぶれていった。昔は10社くらいあった。日本軽金属、三井アルミ、住友アルミ、三菱アルミなど。それが今ではほとんどつぶれてしまって日本軽金属しか残っていない。なぜここが残ったのかというと、昔の古い水力発電所を持っているからである。償却済みのダムなんかを保有していて、自力で水力発電を行っている。

　それでリサイクルをしたらどうかということになる。米国、カナダはさっきと同じ棒グラフが図17に載っている。米国、カナダはリサイクルを行っていないとする。そして日本は、リサイクルすると仮定すると電解電力がまったくいらないが、アルミを溶かしインゴットにするためにかかる電力代、回収費、人件費など費用がかかる。しかし最初の状態に比べると全然問題にならないく

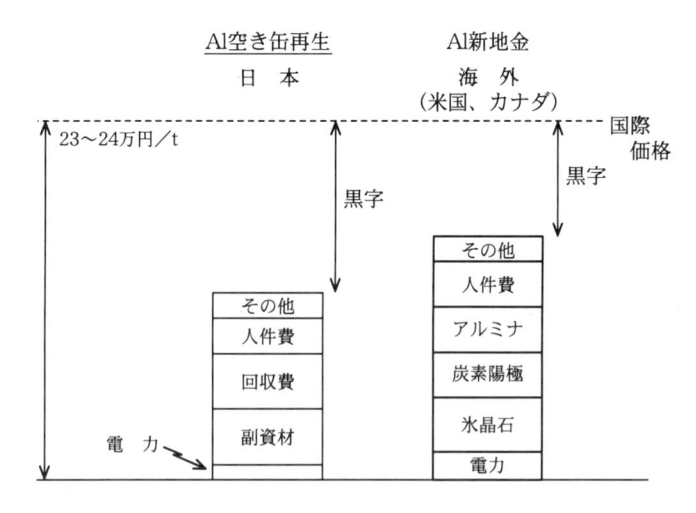

§14 アルミ工業における日本の立場　73

図17 リサイクルの有用性

らい少なくてすむ。しかし、米国、カナダでもリサイクル運動は活発だから、油断は禁物である。

　ここで問題なのが回収費である。捨てるときからきちんと分別してあればそんなにかからないが、分別していなければ回収にものすごく手間がかかる。そしてかなり分類したようでもやっぱりいろいろ混ざっていて、工場でまた分けている。そのための人件費がいる。回収費や人件費がどのくらいで収まるかというのはみんなの責任である。

　電解法以外の方法について話をする。1960年頃、新聞で騒がれ、我々も企業の技術者として、若い頃に評価実験を行った方法で、アルキャン法という（アルキャン：ALCAN→Aluminium Canada, Ltd.）考え方があった。これはDr. Grossが発明した方法で、原理はものすごく巧妙な方法であった。私がその当時組み立てた実験装置から先に説明する。図18を見てもらいたい。これがメインの装置である。環状電気炉があってその中にアルミナの反応管が突っ込んである。左側に小さな反応容器がある。右側にあるのはコンデンサーである。左側の方と右下の方に三塩化アルミニウム（solid）がある。これらは昇華装置で$AlCl_3$が固体から気体に一気になったり、逆に気体から固体になる。三

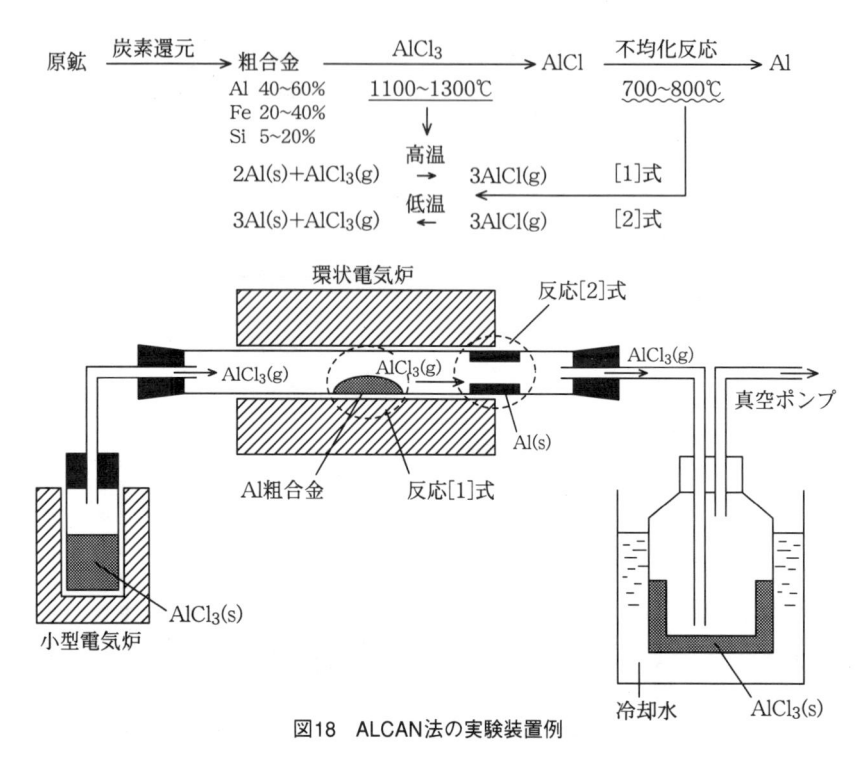

```
原鉱 ──炭素還元──→ 粗合金 ──AlCl₃──→ AlCl ──不均化反応──→ Al
                    Al 40~60%   1100~1300℃           700~800℃
                    Fe 20~40%        ↓
                    Si 5~20%        高温
                 2Al(s)+AlCl₃(g)  →   3AlCl(g)        [1]式
                                  ←
                 3Al(s)+AlCl₃(g)  低温  3AlCl(g)       [2]式
```

図18　ALCAN法の実験装置例

　塩化アルミニウムの昇華温度は150℃くらいである。その気体を反応管の左側から送り込む。反応管の中に入っているのがアルミニウム粗合金である。

　まずこの方法は、必ずしもボーキサイトを使わなくてよいという利点があった。日本にはボーキサイトはないから非常にこの方法はよい。日本には粘土はあるが、シリカが多いからバイヤー法には使えなかった。シリカが多いとバイヤー法の時に苛性ソーダとアルミナのロスになる。アルキャン法においては、まず粘土をアーク炉で炭素還元する。そうすると粘土の中の酸化物が金属に変わる。アルミナがアルミ、酸化鉄が鉄、シリカがケイ素になる。そして、粘土の組成によって範囲が変わるが、アルミが40～60％、鉄が20～40％、ケイ素が5～20％の粗合金になる。

　この粗合金は通常はシルミンと呼ばれる。これはシリコン・アルミニウムの略である。その粗合金の塊を適当な大きさに砕いて、反応器の真ん中に入れる。

それに図の左側から塩化アルミニウムの気体を作用させる。それで単に気体がそのままいこうとしても入っていかないので、右側から真空ポンプで引っ張る。中央部は1100〜1300℃の高温になっている。高温では粗合金の中のアルミニウム部分が三塩化アルミの気体と反応して一塩化アルミニウムの気体になる。すなわち図の[1]式である。一塩化アルミの気体が右の方にいく。そうすると、反応管の温度が700〜800℃になっている付近で、一塩化アルミが分解して金属アルミと三塩化アルミになる。つまり[2]式である。[1]式とこの[2]式のどこが違うかというと、アルミが[1]式では粗合金の中に入っているが、[2]式では一塩化アルミニウムそのものが分解するから純粋なアルミになっている。それでここにAl(s)と書いている。これは高純度の金属アルミニウムの塊ができているという意味である。電気分解することなくアルミニウムが原料の中から引っ張り出されている。そして、さらに右側に行った三塩化アルミの気体は冷却されて昇華によって三塩化アルミの固体になる。この固体を回収して左側の小型電気炉のところに持ってきて再利用することができる。

　これは確かに原理的にはできる。図18ではいろいろなところに栓がしてある。実験装置としては私はシリコンゴム栓を使った。普通のゴム栓は100℃を少し超えると柔らかくなり、焦げるので使えない。それで実験としてはできたので、もう少し規模を大きくしようということになった。もう少し大きな装置にしようとしたら困ったことになった。1つ目には、シリコンゴムに相当するようなものが大型装置にはない。アルミナ反応管は実験室規模では使えるが、工業的な装置では入手できない。2つ目には、アルミナは熱衝撃に弱く、急冷急熱をするとすぐにひびが入って装置の中に空気が入ってしまう。空気が入ってしまうと金属アルミができるのではなくて、アルミナの粉末ができてしまう。

　それで、アルミナ質以外の耐火物は耐火度が低い。金属材料、例えばステンレスにすると、また駄目であった。塩化アルミはものすごく腐食性である。ステンレスなどは一発で駄目になってしまう。何よりもまず、1100℃以上という高温にステンレスは耐えることができない。我々は装置を少し大きくする段階でどうしたかというと、アルミナ質レンガは使えないからカーボンランダムレンガというものを使った。これは化学式でSiCである。ものすごく耐熱性、

耐食性がある。しかし我々が困ったのはレンガで装置を組んだ時に、カーボンランダムレンガ同士をつなぐのにどのようにしてつなぐかということである。その目地、つまり「のり」がやられるということである。セメントでカーボランダムレンガをつないでも、そのセメントが高熱やAlClでやられる。それよりも何よりも、このやり方では大型真空ポンプで引いてやっても、真空どころか、減圧にもならなかった。目地のところから、すうすう空気が入ってくるのだ。本当に「すうすう」という音がした。それでアルキャン法は実験室ではできるが、工業化はできないという結論に達した。

　そのことを上の人に報告したら、ものすごく怒られた。新聞では、他の企業は技術導入して工業的にこれを行うと書いてあったからである。しかしそれから何年経っても、結局どの企業も工業的に行うことはできなかった。そうすると今度は上の人からほめられた。非常な損失を未然に防いだ、と。それで研究開発の目的には2つある。新しい技術を確立導入して新しい製造方法、工場を建てる。そして雇用を増やすというのが1つある。あと1つは、外国の技術を導入する前に評価するというのがある。技術評価の役割はものすごく大きい。えてして日本のお偉方は、アメリカやドイツなど欧米で開発された技術を盲目的に導入しようとする。それで日本は戦後の廃墟から立ち直ったのも事実である。しかし、ただ単に技術導入するだけではいけないということも分かってきた。

　ある教科書にこのアルキャン法は非常におもしろいと書いてある。つまり、工業的な見通しはまだ確定ではないが、極めて興味深い方法であると。しかしこれは非常に誤解を招いてしまう表現である。技術評価はもうすんでいるのである。だから、教科書や本を読むときにそれをうのみにしてはならない。

　1つ付け加えておくと私達が行った実験は昭和34～35年にかけてである。「アルミニウムハンドブック」が出たのは昭和38年のことである。我々は手本にするものが何もなかった。だからこの図18で見せたスケッチは何もない時に、考え考えしながら組み立てたものである。それで何とか実験して、このアルキャン法にはだいぶ問題があり、工業化には向かないという結論に達した。そしてその結論は正しかった。

それで研究開発の目的には2つある、と私は言った。新しいものを創り上げるということと、世界中の技術と常に競争をしていく中で、他のところの技術を評価するということの2つである。両方は同じくらいに大事だ。この場合は後者であった。

§15 電池入門

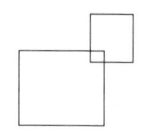

　ダニエル電池というのは高校の化学の教科書で教わっているはずである。ダニエルはファラデーの親友で、お互いに尊敬し合っていた。容器の中に素焼円筒を入れ、内側と外側に異なる電解液を入れる。それで内側の素焼円筒の中には亜鉛の棒を突っ込む。外側の方には銅の板や棒を浸す。電解液としては内側には硫酸亜鉛水溶液、外側には硫酸銅水溶液を入れる。亜鉛の棒と、銅の板または棒の間に電圧計をつなぐと約1.1Vを示す。ダニエルが1836年に行った実験で、その後の電池研究の出発点となった。素焼円筒は非常に多孔質である。図19(Ⅰ)のように電池の構成を図示する時に、容器の中心部分に、縦方向に点線を入れる場合がある。これは多孔質の隔壁という意味である。ダニエル電池の場合、その左側に亜鉛、右側に銅の金属と、それぞれの硫酸塩水溶液が入っている。

　もう少し理論的な取り扱いをする場合、ダニエル電池では、図19(Ⅱ)のように隔膜の点線の代わりにU字型の塩橋の図が書いてある。実際にも塩橋を使って実験することがある。塩橋というのは、U字型の管の中にトコロテンみたいなものをつめて、その中に塩化カリウムの水溶液を含ませてある。それを逆さまにして両方の半電池にまたがって掛けてある。トコロテンみたいなものが落ちてはいけないので、両端に綿などのつめものをしてある。だからイオンは

§15 電池入門　79

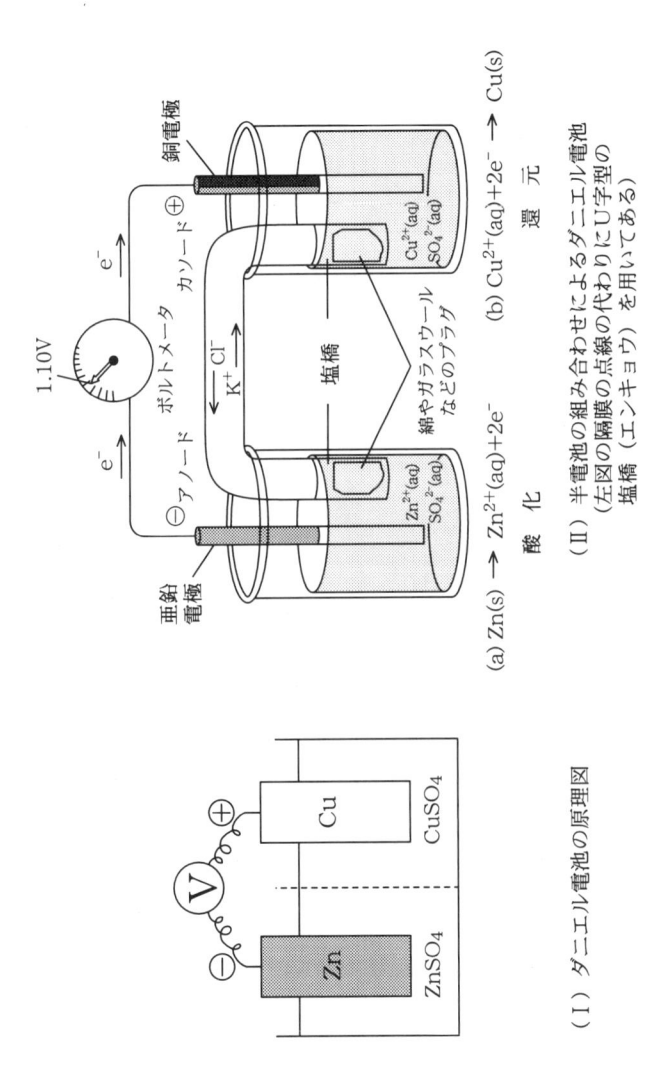

(Ⅰ) ダニエル電池の原理図

(a) $Zn(s) \rightarrow Zn^{2+}(aq) + 2e^-$
　　　　酸　化

(b) $Cu^{2+}(aq) + 2e^- \rightarrow Cu(s)$
　　　　還　元

(Ⅱ) 半電池の組み合わせによるダニエル電池
（左図の隔膜の点線の代わりにU字型の塩橋（エンキョウ）を用いてある）

図19 ダニエル電池[注]

(注：図19（Ⅱ）は、Uno Kask and J. David. "General CHemistry." Wm. C. Brown Publishers. 1993, p.633. を参照した。)

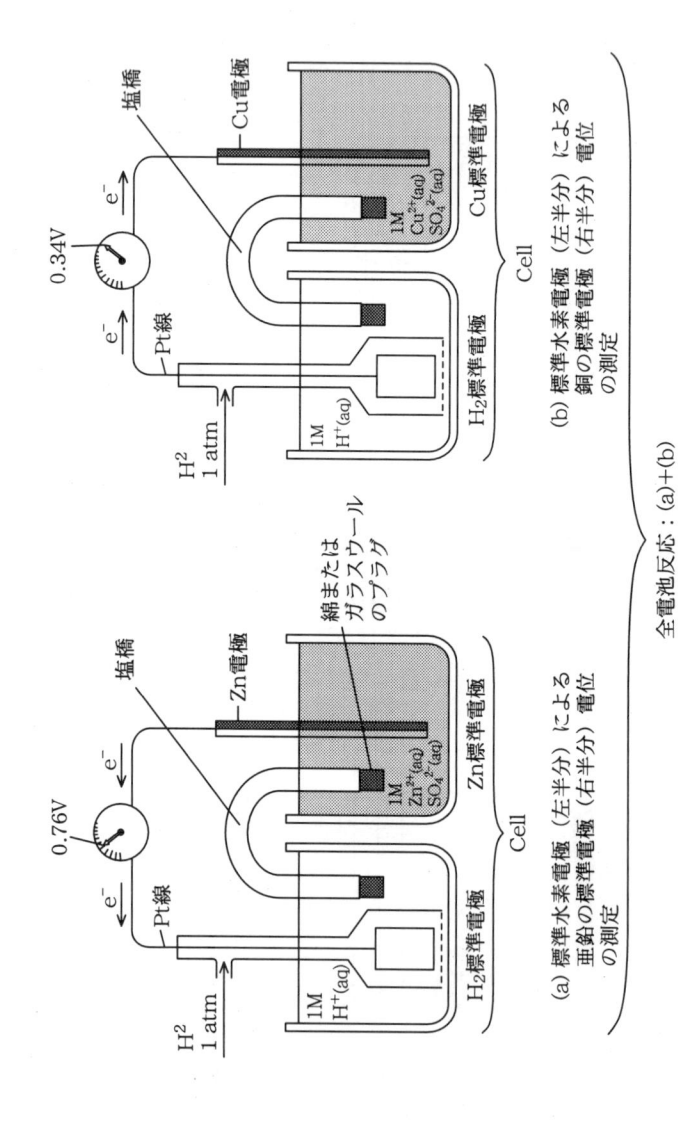

図20 標準水素電極によるダニエル電池起電力の測定原理図
(注：図19（Ⅱ）の前掲書, p.636を参照した。)

(a) 標準水素電極（左半分）による亜鉛の標準電極（右半分）電位の測定

(b) 標準水素電極（左半分）による銅の標準電極（右半分）電位の測定

全電池反応：(a)+(b)

自由にこの塩橋の中を移動できるようになっている。左側の半電池には亜鉛の極があって、硫酸亜鉛の水溶液が入っている。そして右側の半電池には銅の極が入っていて、硫酸銅の水溶液につかっている。隔膜の場合は抵抗があるし、素焼の隔膜といっても液がさほど自由に移動できない。イオンが動こうとしても抵抗がある。ところが塩橋では、その内部をイオンが非常に楽に動ける。塩橋の塩というのはsaltという意味である。通常、KClやKNO$_3$などの塩が用いられる。

図20の説明をすると、左側の(a)は標準水素電極による亜鉛の標準電極電位の測定である。塩橋はやっぱりここにもある。左の半電池が標準水素電極である。標準という意味は、液の水素イオン濃度が必ず1Mになっている。そして、ガラス管の中に水素ガスを送り込むわけだが、その圧力は1気圧、温度は25℃である。それを基にして右側の亜鉛電極の電位を測るという仕掛けである。右の半電池は標準亜鉛電極だ。硫酸亜鉛の濃度がやはり1Mになっている。その電位は表3のZn^{2+} + 2e$^-$→Zn(s)のところを見ると−0.76Vと書いてある。もっと下まで桁数を書くと、−0.7628Vである。

さらに銅の単極電位は表3の真ん中の付近にある。Cu^{2+} + 2e$^-$→Cu(s)という(Half-reaciton)は、図20の右側の(b)のように、水素標準電極に対して測定してみた結果0.3402Vである。これが銅の**標準還元電位**(SRP)である。表3には0.34Vと書いてある。亜鉛の場合は標準還元電位は−0.7628Vだ。**標準酸化電位**(SOP)は、絶対値は同じだけれど符号は反対という値、0.7628Vだから、電池全体の起電力は0.3402V + 0.7628V = 1.103V。約1.1Vである。ダニエル氏は実験的に図19(I)の方式でメータを1.1Vと読んだが、今や図20の考え方で、実験せずに計算で出すこともできる。つまり、単極電位の研究が進むにつれて、酸化電位と還元電位を足せばよいということが分かって、計算でもできるようになった。

このダニエル電池の場合に**電池ダイアグラム**はどうなるか、電池反応は

$$\text{Zn(s)} + \text{Cu}^{2+}\text{(aq)} \rightarrow \text{Zn}^{2+}\text{(aq)} + \text{Cu(s)} \cdots\cdots\cdots\cdots\cdots\cdots (4)$$

である。この場合の電池ダイアグラムは

$$(-)\text{Zn}(s) \mid \text{Zn}^{2+}(aq) \parallel \text{Cu}^{2+}(aq) \mid \text{Cu}(s)(+)$$

となる。固体状態の負極亜鉛がイオン状態になり、イオン状態の銅が正極の固体状態になる。これがダニエル電池の電池反応である。

一般的に、電池ダイアグラムを書けというのは、電池の漫画を書く代わりに記号で電池を表しなさいということである。どういう取り決めをするのかというと、左側にマイナス極を置き、(−)と書く、ダニエル電池では亜鉛は固相だからZn(s)と続ける。そして│が入っている。Zn^{2+}の水溶液の中に浸漬されているから、│は相が違うということである。真ん中に∥が入っているのは隔膜または塩橋を表す。そして右の部屋はCu^{2+}の水溶液である。銅の金属の固相がここにあるから一番右にCu(s)と書く。銅のところに(+)と書いて、正極であることを表す。これがダニエル電池の電池ダイアグラムである。したがって、このように、電池反応が与えられれば、簡単に電池ダイアグラムが書けるのである。

練習問題1

次の電池反応を有する電池の電池ダイアグラムを書け。

$$\text{Cd}(s) + 2\text{Ag}^+(aq) \rightarrow \text{Cd}^{2+}(aq) + 2\text{Ag}(s) \quad \cdots\cdots\cdots\cdots (5)$$

練習問題1

この電池の標準ポテンシャルを求めよ。

このような練習問題をやっているうちに分かったと思うが、電池の起電力は正負の半電池のSRP＋SOPである。これは書き方を変えると、SRP−SRPである。銀のSRPとカドミウムのSOPを足すということは、銀のSRPからカドミウムのSRPを差し引くことである。正極と負極の活物質の標準還元電位の差が全電池の電位である。

§16 ネルンストの式

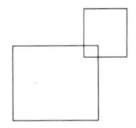

次の話に入ろう。ネルンストの式である。標準状態以外の場合、つまり、温度や濃度が変わった場合はどうすればいいのだろうか。ドイツの物理化学者ネルンストがその場合の式を導き出した。

$$E = E^0 - 2.303RT / nF \times \log Q \quad \cdots\cdots(6)$$

ここでQは、反応商(Reaction Quotient)、Rは気体定数、Tは絶対温度、Fはファラデー定数、およびnは反応にあずかる電子の数である[注]。一般に標準還元電位における半反応においては

$$A_{ox}(酸化体) + ne^- \rightarrow A_{red}(還元体) \quad \cdots\cdots(7)$$

Aの右下oxというのはAというイオン種のoxidized state、つまり酸化状態のもの、酸化体であるという意味である。Aの右下のredというのはAのイオン

注：化学反応を一般的に
　　　$aA + bB \rightleftarrows cC + dD$
で表すとき、
$$\frac{[C]^c [D]^d}{[A]^a [B]^b} = Q \quad \cdots\cdots(10)$$
を反応商という。ここで [ ] はそれぞれのモル濃度を示す。

種のreduced state、すなわち還元体という意味である。これに対するネルンストの式は

$$E = E^0 - \frac{2.303RT}{nF} \log \frac{[Ared]}{[Aox]} \quad \cdots\cdots (8)$$

25℃では、2.303RT/F = 0.0592 (V)

$$\therefore E = E^0 - \frac{0.0592}{n} \log Q \quad \cdots\cdots (9)$$

例題1

亜鉛イオンの濃度が0.01Mであるような水溶液とその中につかっている亜鉛極からなる半電池のポテンシャルを求めよ。

$Zn^{2+}(aq) + 2e^- \rightarrow Zn(s)$、これが問題の半反応である。こういう亜鉛極の半反応で、logの項の分母はZn^{2+}のイオン濃度になる。分子はZn金属の濃度である。亜鉛の標準還元電位-0.76V。それで分母のnは2で、それは$2e^-$からきている。logの項は分母のほうは0.01、分子は1であるというのは固体の濃度は熱力学的には1であると規定してあるからである。このような数値を（9）式に代入すると、Eは-0.82Vになる。

亜鉛の濃度が0.01Mになっただけで標準還元電位とだいぶん違ってきた。-0.76Vであったのが-0.82Vになった。亜鉛の2価のイオン濃度がちょっと違っただけでそのようになった。実験をやらなくてもちゃんと計算することができる。

酸化還元反応は英語でRedox Reactionともいう。これが進行するには電子を受け取る側と同時に電子を与える側もないといけない。電子の受け取り手と与え手の二つが同時に存在していないと、酸化還元反応は起こらない。つまり、

$$aAox + bBred \rightarrow mBox + nAred \quad \cdots\cdots (11)$$

したがって（8）式はより一般的には、

$$E = E^0 - \frac{2.303RT}{nF} \log \frac{[B_{OX}]^m [A_{red}]^n}{[A_{ox}]^a [B_{red}]^b} \quad \cdots\cdots\cdots (12)$$

問題

次の電池の25℃における起電力を計算せよ。

$(-)Cd(s) | Cd^{2+}(0.01M) || Ag^+(0.5M) | Ag(s)(+)$

<ヒント>

負極がカドミウム金属でそれが2価のカドミウムイオンの水溶液の中に浸漬してある。そしてその濃度は0.01Mである。隔膜があって、あと一方は銀の0.5Mの溶液で、プラス極は銀の金属という電池である。この電池ダイヤグラムを電池反応の式に直して、ネルンストの式を適用すればよい。

一般に、自分自身が還元される傾向が大きいものは相手を酸化する力が大きい。電極電位の表3 (p.60) を見てみよう。例えば酸素や塩素がそのようなものである。自分自身が還元されるということは電子を捕まえるという傾向が大きいということである。そういう化学種は表の下の方にある。したがってStandard Reduction Potential が大きいわけである。それは逆にいうと、相手を酸化する力が大きいということである。つまり、いい酸化剤であるということである。したがってフッ素ガスF_2が一番酸化力が大きい。また、イオン化傾向が大きいものほど上に位置していると考えてよい（ただし、表によっては上下の並べ方が表3とは逆になっているものもあるので要注意）。つまり、一番還元力が大きいのは一番上のリチウム (Li) である。くどいようだが、自分自身が酸化される傾向が大きいものは相手を還元する力が大である、と置き換えることができる。

例題

次の酸化剤を標準状態で酸化力の大きい順にならべよ。
　　塩素ガスCl_2、過酸化水素H_2O_2、Fe^{3+} (aqueous)

Standard Reduction Potentialを比べてみればいい。

<解>
　$H_2O_2(aq) + 2H^+(aq) + 2e^- \rightarrow 2H_2O$ は表を見ると1.77Vとある。それからCl_2は1.36V、$Fe^{3+}(aq)$は0.77Vである。よって過酸化水素の酸化力がこの中で最も大きく、鉄のイオンが最も酸化力が低い。

練習問題

次の還元剤を還元力の大きい順にならべよ。
　　水素ガス、アルミニウム金属、銅の金属

<解>
　Standard Oxidation Potentialを書き並べてみると、Al(s)が1.66V、その次が水素ガス0.00V、Cu(s)は−0.34で一番小さい。よって還元力の大きい順番にアルミ、水素、銅、である。

　次は反応の**自発性**（Spontaneity）について考えてみたい。SRPやSOPを組み合わせて標準状態の電池反応として考えてみると、その電池反応が正方向つまり進む反応なのか、あるいは逆方向、つまり正方向には進まない反応なのかということ、すなわち反応の自発性が分かる。自発性とは英語でspontaneityという。"自発的"なというのは"spontaneous"である。ある酸化還元反応を電池に構成したときに起こる反応を考える。そうしたときに電池ポテンシャルが正ならばこの反応は自発性があり、負ならば自発性はない。つまり1つの"電池"を考えたとき、そのポテンシャルがマイナス電池なんてないということである。

例題

標準状態において次の反応は自発性か否かを言え。
　　$Sn(s) + Ni^{2+}(aq) \rightarrow Sn^{2+} + Ni(s)$ ……………… (13)

<解>
　この酸化還元反応を2つの半反応に分けてみてそれぞれの標準電極電位を並べてみる。Sn(s)は$Sn^{2+}(aq)$となって電子を2モル放出する。SOPは0.14Vである。ニッケルについては表そのまま、$Ni^{2+}(aq) + 2e^- \rightarrow Ni(s)$。ニッケルのSRP

は－0.25Vである。よって全反応のポテンシャルはそれぞれの半反応のポテンシャルを足せばいいわけだから、0.14V＋(－0.25V)＝－0.11Vになる。いずれにしてもこの電池はマイナスの起電力しかないというわけである。このような電池はありえない。したがってこの反応は右の方向に進まない。すなわちこの反応は自発性でない。右向きに起こらない。

演習問題

次の反応は標準状態において自発性か否か。

$$Fe(s) + 2H^+(aq) + 1/2O_2 \rightarrow Fe^{2+}(aq) + H_2O(l) \cdots\cdots (14)$$

＜注意＞

水素イオンは、本によってはH^+と書いてあったり、H_3O^+と書いてあったりする。だから標準還元電位の表で、次の2つは同じ意味である。

$$O_2(g) + 4H^+ + 4e^- \rightarrow 2H_2O \cdots\cdots (15)$$
$$O_2(g) + 4H_3O^+ + 4e^- \rightarrow 6H_2O \cdots\cdots (16)$$

そして$O_2(g) + 4H_3O^+ + 4e^- \rightarrow 6H_2O$のポテンシャルは1.23V。SRP＝1.23Vである。(16)式の辺の左右を2で割ってもよい。これもSRP＝1.23Vである。

一般に電池の反応はカソードの半反応とアノードの半反応に分けて考える。それぞれの還元電位、酸化電位を出して足せばいい。プラスのボルトが出ればこういう電池はあり得るということで、つまりこういう反応は右に進み得る。標準酸化還元電位の表さえあれば、実験に頼らなくても電池反応を何百、何千個と吟味することができる。

水素電極は次のような電池ダイアグラムで示される。カソードの場合とアノードの場合とがあり得る。

カソードの場合：$H^+(aq) | H_2(g) | Pt$
アノードの場合：$Pt | H_2(g) | H^+(aq)$

水素電極はスタンダードに使うから、これを使って電池反応を書きなさいというような問題も出てくる。

§17 電池ポテンシャルと平衡定数との関係

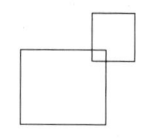

　平衡状態では電池の起電力は0になる、すなわち$E_{cell} = 0$。だからネルンストの式(6)において左辺のEを0と置くと、平衡状態の電池の電圧は$E_{cell} = 2.303RT / nF \times \log Q$である。F = 96500とし、Rを入れ、T = 298ということにすれば、電池の標準状態における起電力は

$$E^0_{cell} = \frac{0.0592}{n} \log K \quad \cdots\cdots (17)$$

となる。なぜかというと、Qがこの場合平衡定数Kになってしまうからである。したがって電池を組まなくても電池ダイアグラムをつくり、起電力さえ計算すれば、そういう反応の平衡定数を求めることができる。

[例題1]

　次の反応の平衡定数を求めよ。

$$Sn(s) + Ni^{2+}(aq) \rightarrow Sn^{2+} + Ni(s) \quad \cdots\cdots (18)$$

<解>

　前に計算したように、この電池の標準状態のポテンシャルは$-0.11V$である。だから

logK = 2 × (−0.11) / 0.0592 = −3.72

よって

K = 1.9 × 10^{-4}

　反応が平衡状態に達したら電池の起電力は消滅するが、その反応の標準状態の電池ポテンシャルから平衡定数Kを求めることができるわけである。

　誤解しやすいことがある。反応が平衡状態に達しても起電力が発生すると勘違いしている人がいる。そうではなくて、反応が平衡状態に達したらその反応の起電力は0である。例として、乾電池を買ったとする。それを懐中電灯に入れて使った後、スイッチを切るのを忘れていたとする。1年くらいしてテスターで電池の電圧を測ったらほとんど起電力はないだろう。電池の中で電池反応が進み、平衡状態に達したのである。したがって電圧が0になったのである。このことから分かるように、平衡状態の起電力というのは0である。

　なぜ勘違いするかというと、平衡定数と電池の起電力は前記の (17) 式、すなわち

$$E^0_{cell} = \frac{0.0592}{n} \log K \quad \cdots\cdots\cdots\cdots\cdots\cdots\cdots\cdots\cdots\cdots\cdots (17)$$

のようにイコールで結ばれているものだから、平衡状態の電位が存在するのだなと思ってしまうからである。これはそのような意味ではなくて、(17)式のような関係があるというだけである。電池の標準状態における起電力と、その反応の平衡定数とはこういう関係式があるというだけで、その反応が平衡に達したときに起電力が発生するということではない。

練習問題 1

次のような電池反応からなる電池ダイアグラムを書きなさい。

$2H^+(aq) + 2e^- \rightarrow H_2(g)$

$Zn(s) \rightarrow Zn^{2+}(aq) + 2e^-$

<ヒント>

水素電極がこの場合カソードになるのか、アノードになるのかさえ分かれば、電池ダイアグラムは簡単にできる。

例題

次の反応の標準状態における平衡定数Kを求めよ。

$$Ce^{4+} + Fe^{2+} \rightarrow Ce^{3+} + Fe^{3+} \quad \cdots (19)$$

<略解>

酸化還元電位： $Ce^{4+} + e^- \rightarrow Ce^{3+}$ S.R.P. = 1.61V
　　　　　　　 $Fe^{2+} \rightarrow Fe^{3+} + e^-$ ＋ S.O.P. = －0.770V
　　　　　　　　　　　　　　　　　　　　　　　　　　　　E_0 = 0.84V

$$\log K = \frac{(1)(0.84)}{0.0592} = 14.2、 \quad \therefore K = 1.58 \times 10^{14}$$

練習問題1

次の不均化反応（Disproportionation Reaction）の平衡定数を求めよ。

$$2Cu^+(aq) \rightarrow Cu(s) + Cu^{2+}(aq) \quad \cdots (20)$$

不均化反応とは、一般的に同一元素が酸化剤にもなり還元剤にもなっている反応のことである。この場合は銅が酸化剤にも還元剤にもなっている。

ところで、電池反応と電解反応は逆向きの反応である。銅の電解反応では少なくとも何Vの電圧をかけなければならないかを、この段階で考えてみよう。銅の電解反応は銅の精錬のところで説明した。理屈としては、銅の酸化還元電位の表からすると、次のようになる。

陽極（粗銅）	Cu $\rightarrow$ Cu^{2+} + 2e$^-$	E^0 = －0.34V
陰極（種板）	Cu^{2+} + 2e$^- \rightarrow$ Cu（電気銅）	E^0 = 0.34V
全体の反応	Cu（粗銅）$\rightarrow$ Cu（電気銅）	E^0 = 0.0V

つまり、電池としてこの反応が起こる場合には0.0Vが発生するわけである。

すなわち、同一物質（この場合は金属の銅）を陽極と陰極に用いて電池を組むと、その電池にはほとんど起電力がない。だからほんのちょっとだけ電圧を与えてやれば、銅がイオンとして存在することができなくなって、銅の金属となって陰極上に析出するはずである。しかし実際には液の抵抗、両極自身の抵抗などがあるから、電解電圧はこれより少し高くなり0.3ないし0.4V位になる、という考え方でよい。

　皆さんに考えてもらいたいのだが、アルミニウムやナトリウムはなぜ熔融塩電解で生産する必要があるのだろうか。なぜ水溶液電解ではだめなんだろう。その答えは、定性的ではあるがこうである。すなわち、亜鉛でさえ、やっと水素過電圧の大きい陰極材質が見つかってようやく電気分解ができた。それで亜鉛金属が電解製造できた。アルミニウムやナトリウムは亜鉛よりもさらにイオン化傾向の大きい金属である。だからなかなか金属として析出しない。したがって水溶液電解はできない。

　では、リチウムは水溶液電解ができるかできないか。それは、できない。アルミでさえ水溶液電解はできない。なおさらリチウムは水溶液電解はできない。そういうことがこの酸化還元電位の表からだんだん分かってきたはずである。

§18 濃淡電池

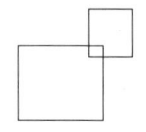

　次に濃淡電池に触れておく。この話は後章でも述べる事項の前準備である。英語ではConcentration Cellと呼ぶ。例で話すと、濃度の違った硫酸銅水溶液をビーカーに入れる。濃度としては、それぞれCuが0.10M、および1.00Mとする。その中にいずれも銅の電極を突っ込む。上からリード線（白金、銅など）で電極をぶら下げる。そして両方のビーカーを塩橋でつなぐ。電圧計で両方の銅極間の起電力を測ると電圧が出る。単に濃度が違うだけの、同じイオンの間を塩橋で橋を架けるだけだ。これはなぜかというと、左側のビーカーではCu(s)がCu^{2+}(0.10M)になって電子を2個放り出すという半反応になり、右側では1.00MCu^{2+}イオンからその分だけCu^{2+}イオンが電子を取ってCu(s)になるという半反応だ。これはやはり一種の電池である。濃度が濃い薄いの間で電位が発生するというわけである。したがって濃淡電池という。

　ところで、今までは主に、

　　　　電池の起電力＝カソードの還元電位＋アノードの酸化電位　…(21)

という考え方で考察してきたが、前にも触れたように、全く同じ内容が

　　　　電池の起電力＝カソードの還元電位－アノードの還元電位　…(22)

の考え方で説明できることを、濃淡電池の例で示そう。なぜなら、

酸化電位＝－還元電位 ……………………………………(23)

だからである。すなわち、

$Cu^{2+} + 2e^- \rightarrow Cu(s)$

において、Cu^{2+}イオン濃度の異なる二つの半反応

$Cu^{2+}(10.0M) + 2e^- \rightarrow Cu(s)$、 $E^0 = 0.344V$ ……………(a)

$Cu^{2+}(0.010M) + 2e^- \rightarrow Cu(s)$、 $E^0 = 0.344V$ ……………(b)

に対するネルンストの式は、それぞれ25℃において

$E = E^0 - \dfrac{0.0592}{2} \log \dfrac{1}{1.00}$ ………………………………………(c)

$E = E^0 - \dfrac{0.0592}{2} \log \dfrac{1}{0.10}$ ………………………………………(d)

一方、濃度大なるCu^{2+}イオンは、濃度小なるCu^{2+}イオンよりも、金属銅Cu(s)にそれだけ多くのプラス電荷を与えるチャンスが多いから、(c)がカソード側の還元電位、(d)がアノード側の還元電位と考えてよい。よって、この銅イオン濃淡電池の起電力(E_{cell})は上述の(21)式の関係により、

$E_{cell} = (E^0 - \dfrac{0.0592}{2} \log \dfrac{1}{1.00}) - (E^0 - \dfrac{0.0592}{2} \log \dfrac{1}{0.10})$

$= 0 - \dfrac{0.0592}{2} \log \dfrac{0.10}{1.00} = 0.030(V)$ ……………………(答)

[類 題] ………………………………………………………………………………

a) 次の電池ダイアグラムで示される電池においてそれぞれの半反応の式を書け。b) E_{cell}を算出せよ。

Zn ｜ Zn^{2+}(1.0M) ‖ Zn^{2+}(1.5M) ｜ Zn

§19 実用電池

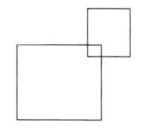

　今回は実用電池の話をしよう。電池は身の周りで無数といっていいほど使われている。電池応用機器出現状況を図21に示す。横軸が上の方にとってあって、1950年から1990年までの流れである。1950年以前のかなり古くから電池が使われていて、例えば自動車の鉛バッテリーがそうである。それからラジオは昔はB電源といって真空管のフィラメントを加熱するための電源に電池が使われた時代があった。それから非常用電源、これは電灯線の配線が切れた時に、さっと使わなければならない時があって、そういう時に大きな電池が一時的に使われていた。1960年代になると、電気かみそり、ポケットライトが現れ、1970年代になると、電卓、小型カメラ、デジタル時計、ポータブルカセットステレオ、パソコンのメモリーバックアップ電源などが出てきた。1980年代には、ポータブルクリーナーができた。これは電気掃除機の一種で手で持ち運べるものである。その時には電池がないと電流が取れない。それからビデオカメラ、ラップトップコンピュータ、1980年代半ば以降はこれらがはやった。液晶テレビ、ICカード、携帯電話、このように1990年以降も電池を使うものがたくさん出てきている。

　しかも、いろんな形状の電池が現れている。筒型、角型、ボタン型、コイン型、その他さまざまなものが出てきている。それで君たちに聞きたい。こうい

§19 実用電池

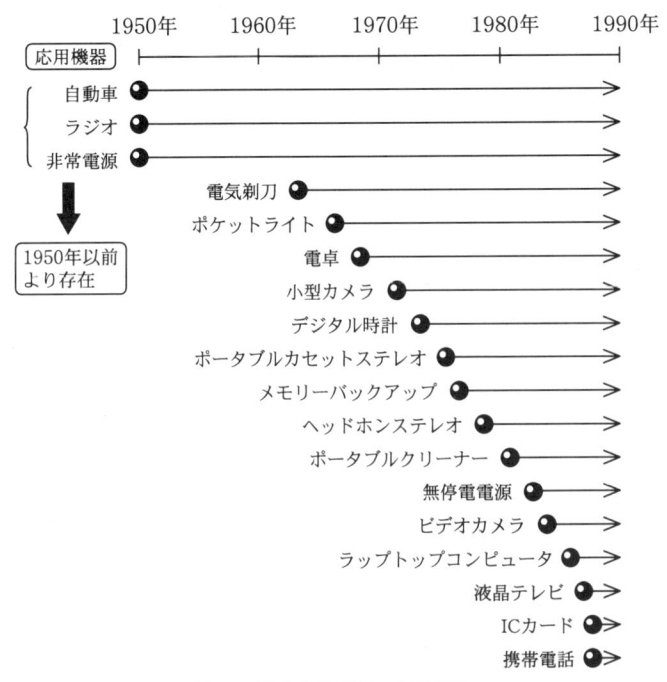

図21 電池応用機器の出現状況

った電池が年間に何個ぐらい生産されていると思うか。実は年間50億個作られている。見当の付けかたはこういうふうに考えればよい。日本の人口が、1億2千万人である。1人1個ではない。その50倍くらいである、そんな感じでよろしい。君達も1年間に50個ぐらい使うであろう。月当たり4個ぐらい。そういう見当の付けかたもある。

電池のしくみには、大体2通りある。1番目が異種の金属を組み合わせて、電解液につけると電池になる。違った種類の金属としてはイオン化傾向の大きい金属と、それに比べてイオン化傾向の小さい金属とを組み合わせる。そして外部回路を形成させるというわけである。そうするとイオン化傾向の大きい方の金属が電解液の中にイオンになって溶け出していく。プラスイオンになって溶け出していくということは、マイナスチャージが極に残るということである。だから電子は外部回路を通ってプラス極の方に流れる。電子の流れと、電流の

流れの向きは反対であると規定してあるから、電流の流れが外部回路を正極から負極へ流れる。

　電池の2つの極の化学反応を一言でいうと、電子を奪われる側と電子を与えられる側の反応がある。電子を奪われる側、つまりマイナス極の方は、酸化されるといってもよいだろう。酸化される側をアノードという。電子を与えられる、すなわち還元される側をカソードという。陽極だとか、陰極だとかというふうな表現をすると、混同しやすい状況が出てくるから、アノードだとかカソードというふうに英語のかな表示をしておいたほうが統一的に表現できて非常に便利である。つまり、電池と電気分解は逆なんだけれども、電気分解の時にもこれと同じようなやり方で表現できる。

　電池についての2番目の分類は、酸化剤と還元剤の組み合わせである。何も金属に限ったことではない。還元剤の方がマイナス極になって、酸化剤の方がプラス極になる。それが電解液につけてあって、外部回路で両方の極をつなげば電子の流れが起こる。電子の流れとは電流のことであるが、電子の流れの向きと電流の流れの向きは逆であると規定してあるのは、前にも述べた通りである。

　それで実は第1番目の分類の電池と、第2番目の電池は本質的には同じである。異種金属の組み合わせは結局、酸化剤と還元剤の組み合わせになる。だから第2番目の、酸化剤と還元剤という方が、より広い概念である。

　表4は極めて大事な、ほんの数種類の電池を示したものである。実用電池としてはこのようなものがある。電池は1次電池と2次電池に分かれる。1次電池は1回放電してしまったらそれっきりで充電ができない。2次電池は放電しても充電すれば何回でも利用できる。1次電池は亜鉛がアノードである場合がかなり多い。そしてカソードが二酸化マンガンである例がいくつかある。表の第1列目は電解液として塩化アンモン（NH_4Cl）＋塩化亜鉛（$ZnCl_2$）を使っている。公称電圧1.5Vであり、名称はマンガン乾電池、またはルクランシェ乾電池といわれる。

　表4の一番上にマンガン乾電池（ルクランシェ電池）とある。ルクランシェというのはフランスの人で、この電池の一番基本的な構成を1869年に発明した。電池ダイアグラムでいうと

表4 実用電池の例

	還元剤	電解液	酸化剤	公称電圧(V)	名 称	備 考
一次	Zn	$NH_4Cl + ZnCl_2$	MnO_2	1.5	マンガン乾電池[注1](ルクランシェ)	天然MnO_2から人工MnO_2へ
	Zn	KOH(ZnO飽和)	MnO_2	1.5	アルカリ・マンガン乾電池	1950年代より出現
	Zn	KOH(ZnO飽和)	空 気	1.3	空気亜鉛電池	
	Li	$LiClO_4$ (PC + DME)	MnO_2	3.5	二酸化マンガン・リチウム電池	1970年頃、違ったかたちで出現し、その後二次電池化へ進展
二次	Cd	KOH	NiOOH	1.3	ニッケル・カドミウム電池	
	Pb	H_2SO_4	PbO_2	2.0	鉛蓄電池[注2]	
	H_2	KOH	NiOOH	1.2	ニッケル-水素電池	水素吸蔵合金を利用

注1：G. Leclanche(フランス)、1868年、湿電池(NH_4Cl単味)
　　　屋井先蔵(日本)、1885年、乾電池
　　　C. Gassner(ドイツ)、1888年、乾電池
注2：原理は1860年にG. Plante(フランス)が発明。

$$\ominus Zn \mid NH_4Cl(+ZnCl_2)(aq) \mid MnO_2 \cdot C \oplus$$

となる。つまりZnがマイナス極で、電解液が塩化アンモン水溶液、MnO_2がプラス極である。この電池は湿電池であった。つまり液ジャボ方式であった。ところが液ジャボ方式の電池は、ビーカーが倒れたり壊れたりすると電解液が出てしまい、非常に不便である。したがって、フリーの水分がない乾電池にしようと試みられた。乾電池にしたのが日本人であった。屋井先蔵という人が1885年に発明した。原理はそれまでと同じあるが、フリーの水分をのりで固定した。そうしたら簡単にはこぼれない。これによって便利になった。もう少し後に、ドイツ人のガスナーという人が1888年に大体今のような固形物にした。そうすると、持ち運びもスムーズにできるようになった。1900年代に入り、アメリカで電解二酸化マンガンの工業的製造法というのが研究され論文として発表されたが、その後アメリカでは、電解二酸化マンガンの工業的な製造法は発達しなかった。

当時は、ルクランシェ電池の二酸化マンガンは鉱山から採ってきたものを砕いて使っていた。日本人はアメリカで発表された電解二酸化マンガンの製造法をいち早く追試し、これによりできた電解二酸化マンガンを乾電池に使おうと考えた。鉱石の二酸化マンガンは電気化学的にアクティブではない。だからプラス極にしてもすぐに電圧が落ちてしまう。日本の技術者達はその点を改良するのに、アメリカで実験室的に開発された電解二酸化マンガンを使おうと考えた。そして工業化をどんどん押し進めた。その結果、ルクランシェタイプの乾電池の性能がずいぶん上がった。だから、二酸化マンガンは電解二酸化マンガンに変わってきた。

　あと1つの要因は1950年に勃発した朝鮮戦争だ。アメリカがこの戦争のために朝鮮に派兵して中共軍や北鮮軍と激戦をしたのだが、アメリカ軍用の乾電池の規格に合格するには正極活物質として天然産の二酸化マンガンではなく、電解二酸化マンガンをどうしても使う必要があったのである。

　塩化アンモン電解液も、組成を変えてみようということになってきた。これも日本の技術者達が主体になった。研究の結果、塩化亜鉛を加えてみると放電寿命が伸びて、また性能が上がった。それは1950年代から1960年代にかけてのことである。それで表4には（+ $ZnCl_2$）と書いてある。今はルクランシェ型とは言わずに、塩化亜鉛型というようになっている。塩化アンモンよりも塩化亜鉛がむしろ多く加えてある。

　そこでなぜ二酸化マンガン粉末に炭素の粉を混合するのか、という話に入る。混ぜる炭素はアセチレンブラックというものである。二酸化マンガンを単独で使うとあまり性能がよくない。二酸化マンガンは半導体である。つまり抵抗が大きい。抵抗が大きいものが電池の中に入っていると、電池からあまり電流を取り出すことができない。二酸化マンガン自身が邪魔してしまって、自分自身の抵抗で電流をあまり出さないという矛盾が分かってきた。それで、これに導体を混ぜようということになった。いろいろ混ぜるものを考えた。しかし、混ぜることによって電池全体が変なことになってしまうのではいけない。それで炭素を混ぜようということになった。炭素にもいろいろとある。そこでアセチレンブラックを加えたらどうかということになった。

§19 実用電池　99

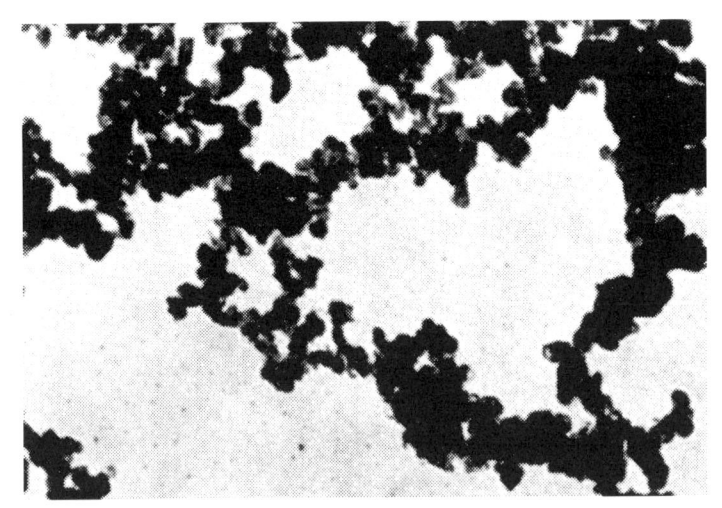

写真7　アセチレンブラックの鎖状構造（50,000倍）
（電気化学工業(株)(デンカ)カタログより）

　写真7はアセチレンブラックの5万倍の電子顕微鏡写真である。これを見ると細かい炭素の粒子が鎖状につながっている。しかも枝分かれしている。この枝と枝の間に二酸化マンガンの粒子を包み込んでくれる。それから枝と枝の間に電解液を吸収する。枝自身はアセチレンブラックのコロイド状の粒子から構成されている。枝と枝の間に二酸化マンガン粒子が入る。しかもこの腕の間に電解液を保持してくれる。こんなすごいような機能を発揮している。そうすると伝導度が非常に増加すると同時に、乾電池の性能がうんと向上する。それで、これは乾電池において非常に重要なものになった。アセチレンブラックの代わりに黒鉛を入れる場合もある。だけどグラファイトというのは枝分かれしていない。だから電気伝導度は上がるが、電解液の保持はしない。あるメーカではアセチレンブラックと黒鉛をある割合で混ぜるということも行っている。
　ごく簡単にマンガン乾電池の絵を描いてみると、図22のようになっている。一番外側に亜鉛缶がある。そして真ん中に炭素棒が入っている。その周りに正極合剤のケーキがくっついている。この中に二酸化マンガンと炭素粉が混じって入っている。そうして同時に、この中に電解液が染み込ませてある。電解液は塩化アンモン＋塩化亜鉛＋水。底に底紙がしいてある。周りは昔の構造でい

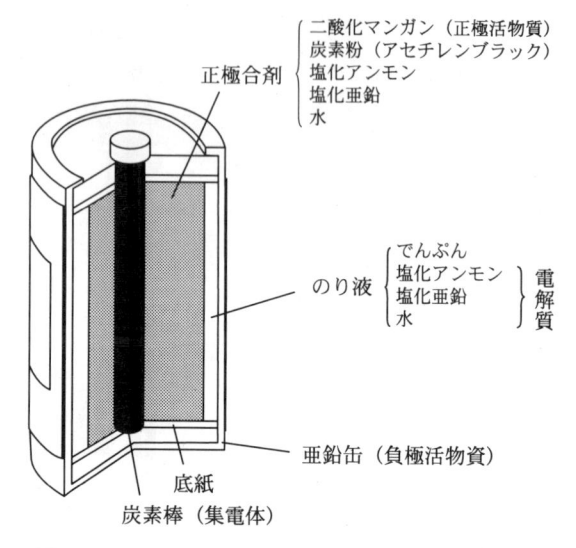

図22 マンガン乾電池の内部構造概略

正極合剤: 二酸化マンガン（正極活物質）、炭素粉（アセチレンブラック）、塩化アンモン、塩化亜鉛、水

のり液: でんぷん、塩化アンモン、塩化亜鉛、水 } 電解質

亜鉛缶（負極活物質）
底紙
炭素棒（集電体）

うと、のり液というのが入っている。のりはでんぷんである。でんぷん＋塩化アンモン＋塩化亜鉛＋水、こういう混合物が外側の亜鉛缶と内側の正極合剤との間の隙間に充填してある。この二酸化マンガン、炭素、電解液の混合したケーキを正極合剤といっている。炭素棒はプラス極ではないことに注意しなければならない。ただ電流を集める役割をする。つまり集電体である。二酸化マンガンが正極活物質である。活物質というのは実際に化学反応を起こす物質だという意味だ。負極活物質は亜鉛缶である。マンガン乾電池の電池ダイアグラムは、ものすごく大事なことを意味している。

　しかし、この構造は生産技術上ちょっと面倒くさい。なぜかというと、のり液を注入するのはなかなか難しい。最近ではもう少し進歩している。ここに、のり液ではなくてセパレータを入れる。そして、そのセパレータにあらかじめ電解液を染み込ませてある。そうすると、1つの生産ラインで1分間に乾電池を何百個と作ることができる。ところで、電池はいろいろのタイプを合計すると、1年間に50億個という莫大な数量が作られているということは前に述べたとおりである。

§20 放電曲線

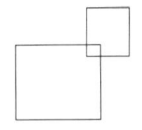

　放電曲線の話をしよう。電池を使ったら使用時間とともにその作動電位がどのように変化していくか、ということである。図23を見てほしい。横軸が時間で縦軸が電池の端子電圧である。端子電圧には2つあって、外側の縦軸が開路電位(回路を開いている)で、普通、ルクランシェ電池では1.5Vである。内側の縦軸がスイッチを閉じた状態の**閉路電位**を示す。開路から閉路になる時に一瞬、電位が下がる。そして仕事をし始める。そして時間がたつにつれて電位が下がり右下がりのグラフとなる。これを放電曲線という。**終止電圧**は用途によって異なるが、通常0.75Vとされている。そして終止電圧までに至る使用時間の長さを**放電寿命**、もしくは**放電持続時間**という。

　面白い例を見せる。私はかつて東南アジアおよび南アメリカの各国の電池を集めて放電実験を行ってみた。昭和54～56年(1979～81年)の頃だから、今では、ずっと性能がよくなっていると思うが、一つのケース・スタディとして参考になると思う。そうしたら図24のようなカーブが得られた。(1)日本、(2)マレーシア、(3)タイ、(4)インドネシア、(5)フィリピン。曲線の幅は何かというと例えば日本の場合、7銘柄の上限と下限を表している。マレーシアは4銘柄でマレーシアの一番よいものと日本の一番悪いものが大体同じくらいの放電曲線である。タイに至っては2銘柄しかないけれども、ひょろひょろとした

図23 放電曲線の例

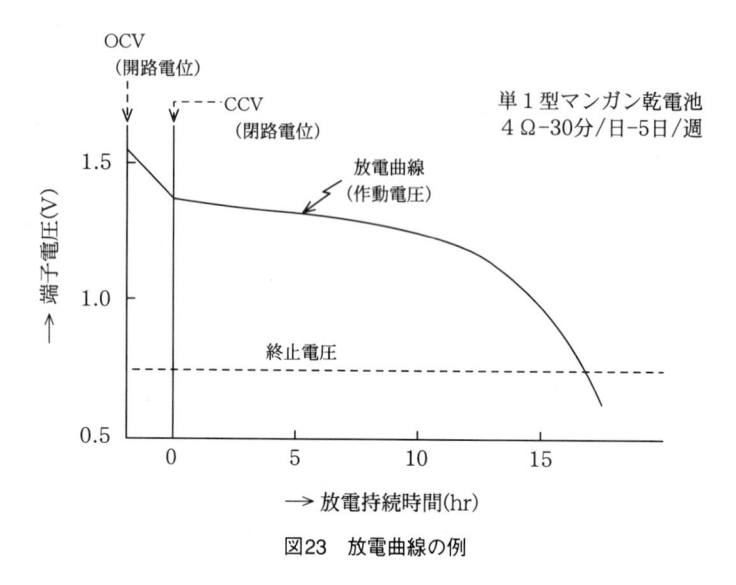

放電曲線である。インドネシアは、いい電池は良好だが、悪いのはタイと同じような放電カーブになる。フィリピンはマレーシアとタイの中間くらいである。これは単1型マンガン乾電池で行ったものである。放電の抵抗が4Ω、1日に30分間放電して1週間に5日間行い、6日間は休むというやり方で、連続した放電ではない。これを**間欠放電**という。

それから(6)がパナマ、(7)がペルー、(8)がチリで、チリはよいものと悪いものの差が大きい。(9)の中国は2銘柄だけれどもあまり電圧が高くない。なぜこれらの国の乾電池が一般に日本のものに比べて性能が低かったかというと、天然の二酸化マンガンの鉱石を粉砕して正極活物質として使っていたからである。乾電池を分解して合剤の中のSiO_2とFeの品位を分析してみると分かる。X線回折図でも判定できる。放電曲線を見ると、電池の中に入れてある二酸化マンガンの良しあしが分かる。日本では、みんな電解二酸化マンガンを使っている。タイは明らかに山から掘った天然の二酸化マンガンを使っていた。他の国は、電解二酸化マンガンとの混合物かもしれない。

電池の放電寿命に典型的な3つのタイプがある。一言でいうと①短距離ランナータイプ、②長距離ランナータイプ、および③その両方の特性を兼ねたもの

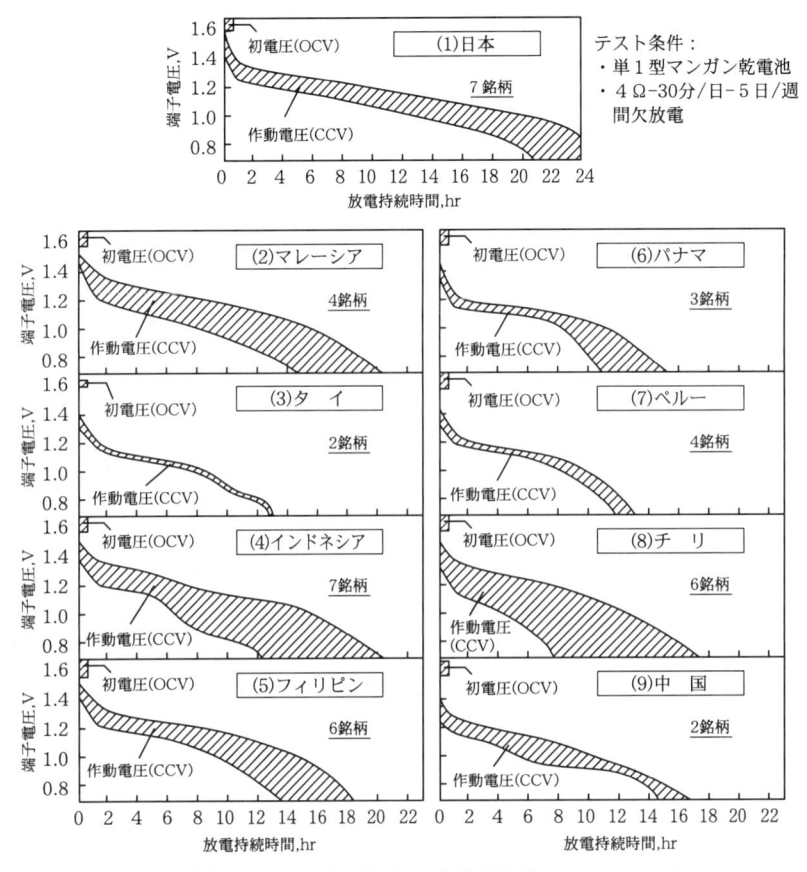

図24 近隣諸国のマンガン乾電池の性能比較例（1979〜1981年当時）

だ。電解二酸化マンガンのことを略して電満という。日本の電解二酸化マンガンは質がよいので、世界でも"Denman"という言葉で理解されている。電解二酸化マンガンの作り方によっては、最初元気であるが後が続かない、つまり短距離ランナーのようなものもできる。また、別の作り方では長距離ランナー型電満を作ることもできる。天然の二酸化マンガン、つまり天満は最初の電圧も低いし放電寿命も短い。これは何というランナーか、分からない。

　この他、電池は、合剤などの製造方法の違いによっても特性を制御することができる。負極活物質である亜鉛缶の方もある程度特性の作り分けが可能であ

る。いわゆる電池構成の処方箋（塩化アンモンの量、塩化亜鉛の量、液のpHなど）があって、これによってもかなり多くの放電特性を作り分けることができる。

繰り返すようだが図24は、ふた昔まえの比較データでありケーススタディの単なる一例である。当時から20年たった現在、これらの乾電池は性能がはるかに向上しているはずである。当然、ほとんど全部、"Denman"が陽極活物質として使用されているであろう。

小テスト

同じタイプの乾電池でも性能の差が出るのはなぜか。

§21 電解二酸化マンガンの製造工程

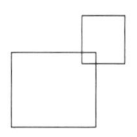

電池に関連して、電解二酸化マンガン製造工程の概略を説明しておこう。図25を見てほしい。電気分解する時に、アノードがいかに酸化作用を起こすかというのが一目瞭然である。

電解の時には⊕極がアノードである。アノードでは酸化反応が起こっている。というのは、マンガンの2価のイオンが、マンガンの4価のMnO_2という形の酸化物になるからだ。カソードでは水素イオンが水素ガスになるという反応が起こっている。全反応は、図中に書いているようにマンガンの2価のイオンが水と一緒になって水素が出るのと同時に、二酸化マンガン（MnO_2）ができる。それから水素イオンが発生している。これは**電解尾液**（電解後の液）が主として硫酸だという意味であって、溶解工程にリサイクルする。亜鉛電解の場合もそうだった。この電解での⊕極（アノード）では酸化反応が起こっている、ということを大事なポイントとして覚えておこう。

MnO_2の工業的製造法は電気分解を利用する方法以外にはない。その原料は炭酸マンガン鉱石（日本ではなくなってしまったのでアフリカから運んでくる）で、これを硫酸に溶かすと、硫酸マンガンの硫酸酸性の水溶液ができる。それを電解槽に入れる。それに直流を加えることによって、アノード（⊕極）で二酸化マンガンという酸化物になって、電極表面にくっつく。それを工業用語で

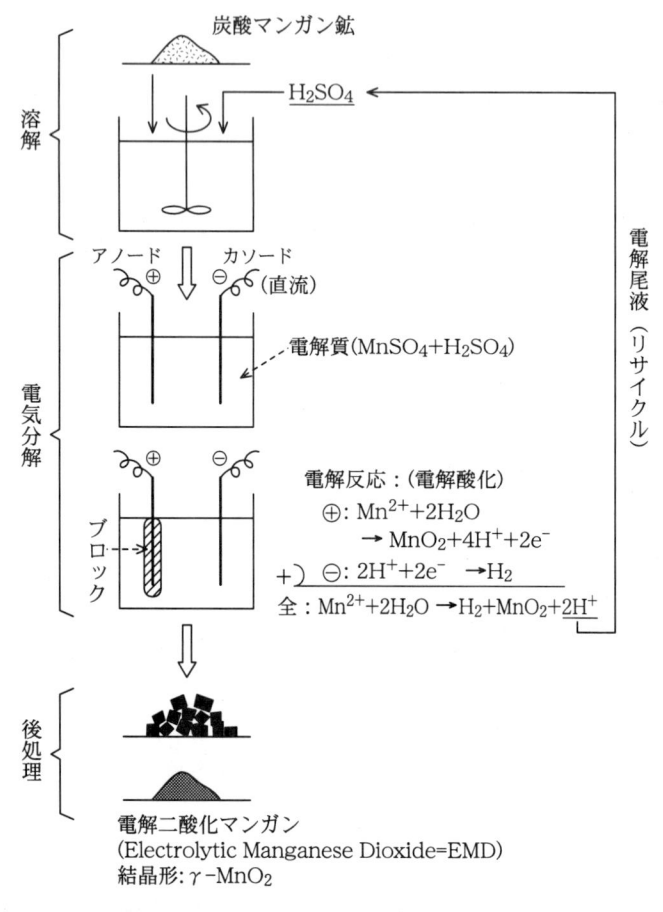

```
                     炭酸マンガン鉱
               ┌─────────────────────────────────────┐
          溶   │         ↓                            │
          解   │    ╲  ↓  ╱  ← H₂SO₄ ←────────┐      │
               │     ╲___╱                     │      │
               └──────┬──────────────────────┐ │
                      ↓                       │ │
               アノード  ⇩  カソード           電 │
               ⊕       ⊖(直流)                解 │
          電   ┌─────────────────┐            尾 │
          気   │  ╲  │  ╱         │← 電解質    液 │
          分   │   ╲ │ ╱          │  (MnSO₄+H₂SO₄)│
          解   │    ╲│╱           │           （  │
               └──────────────────┘            リ │
                  ⊕       ⊖                    サ │
               ┌─────────────────┐  電解反応：(電解酸化)
          ブ   │ ╲     ╱          │   ⊕: Mn²⁺+2H₂O
          ロ   │  ╲   ╱           │      → MnO₂+4H⁺+2e⁻
          ッ   │   ███            │  +) ⊖: 2H⁺+2e⁻ → H₂
          ク   └─────────────────┘  全: Mn²⁺+2H₂O → H₂+MnO₂+2H⁺
                      ⇩
          後        ■■■
          処         ■
          理         ▲
                  電解二酸化マンガン
                  (Electrolytic Manganese Dioxide=EMD)
                  結晶形：γ-MnO₂
```

図25　電解二酸化マンガンの製造工程の概略

二酸化マンガンブロックという。これを機械的にたたき落として粉砕して水で洗って乾燥したものが電解二酸化マンガンと称するものである。英語ではElectrolytic Manganese Dioxideという。頭文字を取ってEMDと称している。二酸化マンガンにはいろんな結晶形があるが、これはγ型のMnO_2である。γ型は電池の中に入れると正極活物質の働きをする。外見は黒い粉末である。

電解二酸化マンガンの結晶形が大事である。γ-MnO_2という結晶形である必要がある。これをいかに能率よくつくるかということがキーポイントである。

γ-以外にはα-、β-MnO₂というのがある。細かくいうともっといろいろある。しかし、これらは電池性能が好ましくない。電解で作らなくてはならないのはγ型で、これができるように工程条件の制御を行う。

電気分解が始まって2〜3週間すると電解槽の陽極の上に二酸化マンガンが数ミリの厚さに層状にくっつく。これを引き上げて電満ブロックをたたき落とし、水洗、中和、乾燥の各工程を経たのち、それを今度は細かく粉砕する。最終的に所定の粒度にして、やっと製品となる。

実は日本で製造した電解二酸化マンガンの特性が一番よい。今回、製造法は簡単に書いて説明したが、本当はもっと複雑で、いろいろな工程から成り立っている。その複雑な工程の中での微妙な調節が、日本の技術者が一番うまい。よって、日本で製造された電解二酸化マンガンを使った電池が一番電池性能がいい。これは国際的な評価になっている。

ちょうどよい機会なので、ここで非化学量論的化合物（non-stoichiometric compounds）の話をする。電解二酸化マンガンはMnO₂ではなく、この2は正確には2ではない。もちろん結晶形がα、β、γとある話とは別である。その結晶形の違いの他に、この2は2ではないと付け加えておきたい。このことは普通の教科書には書いてない。おおよそ、1.85から1.93の値をとる。MnO₂というものはない。同じような例を挙げると、光触媒でおなじみの二酸化チタンというものがある。これも酸素のsufixは2ではない。これは1.9〜2.0である。こういうものであるからこそ光触媒の性能がある。原子燃料用の酸化ウランは大体、$UO_{2.02〜2.05}$であって、$UO_{2.00}$ではない。このようなものを非化学量論的化合物という。この組成の端数が、特性上大事なのだ。しかし通常は、それぞれMnO_2、TiO_2、UO_2などと表記して差し支えない。

ところで、米国の鉱山会社フェルプス・ドッジ社の2人の技師 G. D. van Arsdale と C. G. Maier が、電解二酸化マンガンの実験室的製造を行って、研究論文を学会誌に発表（1918年）して以来、日本の企業が直ちに工業化に着手したのに反し、米国では日本よりも随分遅れて工業的に取り上げられた。図26に示すように両国とも幾多の企業が実生産を試みたが長続きせず、現在では日本の三井金属社とその技術輸出先の三井電満アイルランド（MDI）社、および

108

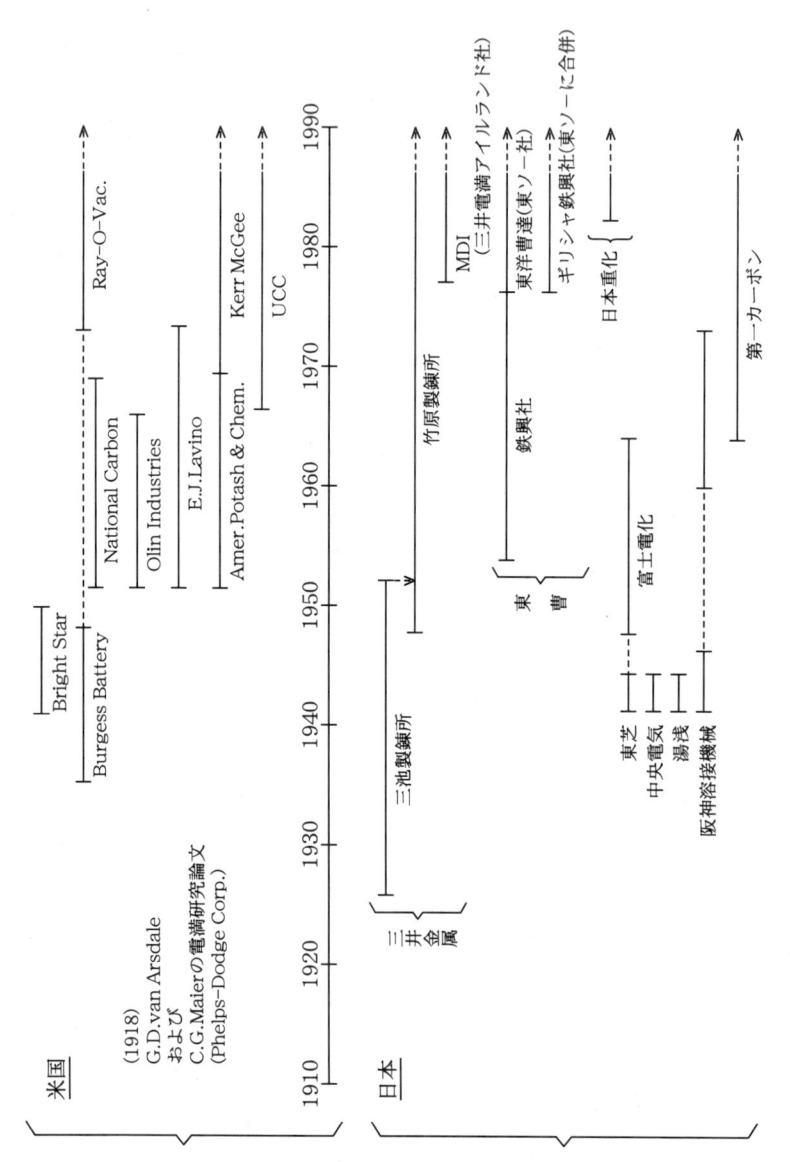

図26 電滴メーカーの変遷概略

東ソー社に吸収合併された旧鉄興社の技術によるギリシャ鉄興社が主流になっている。米国では主に化学会社のカー・マギー社とUCC社だが、UCC社はクリーヴランド市の乾電池部門が二酸化マンガンの自家生産を行いながらも、その品質に必ずしも満足していない。その証拠にUCC社の乾電池部門は日本の三井金属社と東ソー社の電解二酸化マンガンを、相当量購入している。このように電池活物質としての電満は、製造上の微妙なノウハウを有する機能性物質である。

§22 アルカリマンガン乾電池

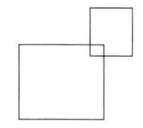

　せっかくだからアルカリマンガン乾電池に触れておきたい。図27はアルカリマンガン乾電池の構造例だ。これは私が企業に勤めていた頃、ヨーロッパに多目的出張をした折に、各種乾電池を買ってきて部下に分解させ、中の図を描かせたものである。もちろん、日本でも既に製品化されていたし、我々の企業は優秀な電池活物質の製造メーカーであった。図の左側が分解して出てきた部品の名前と重量である。陽極合剤分析値も示してある。マンガン乾電池では前述したように、陽極合剤は乾電池の中心部にあった。今度は外側にある。電解液は苛性カリ水溶液に酸化亜鉛を飽和したものだ。外側はスチール缶である。亜鉛は中心部にある。これは亜鉛合金の粉末である。もともと、亜鉛は苛性カリ水溶液にさらすと溶けて水素が発生するという性質がある。それで水素が発生しないように昔は亜鉛の粉に水銀をまぶしていた。水銀は水素過電圧が大きいから水素が発生しない。水素が発生したら電池のスチール缶の中に水素が充満し、危ない。だからそのようなことがないように、亜鉛に水銀をまぶしていた。
　だが水銀は環境上好ましくない。だから電池材料メーカーと電池メーカーと学会が一体となって共同研究を行い、数年がかりの苦心の末に、水銀の代わりに亜鉛にインジウムやアルミニウムなどを入れた合金粉にすることによって良好な成績を収めた。研究としてはずいぶん昔から個別に行われていたようだが、

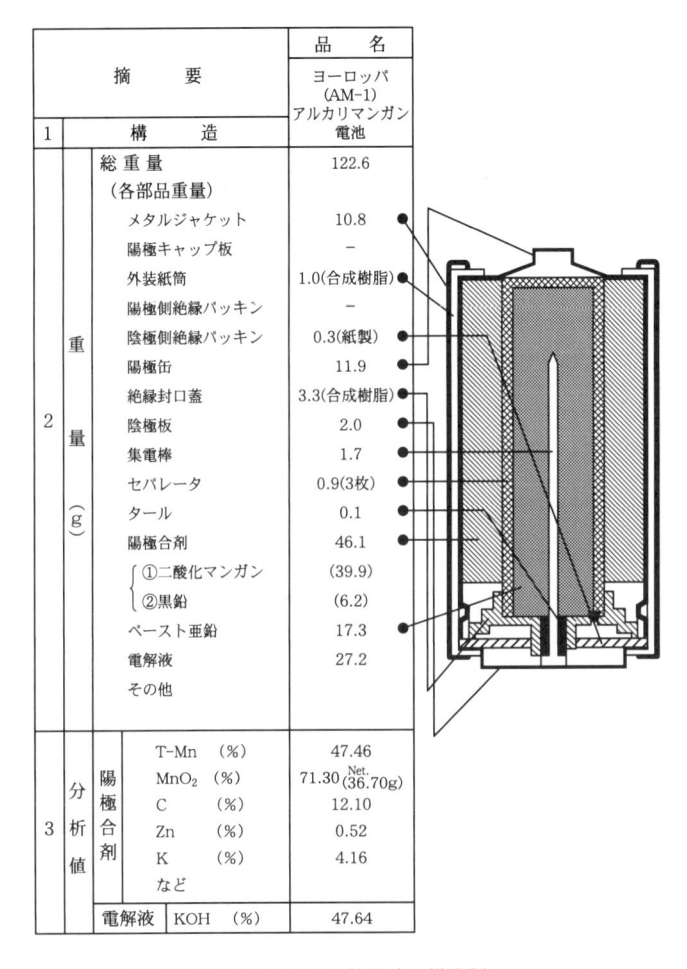

1	摘　要	品　名 ヨーロッパ (AM-1) アルカリマンガン電池
	構　造	
2	重量 (g)	総重量　122.6
		（各部品重量）
		メタルジャケット　10.8
		陽極キャップ板　－
		外装紙筒　1.0(合成樹脂)
		陽極側絶縁パッキン　－
		陰極側絶縁パッキン　0.3(紙製)
		陽極缶　11.9
		絶縁封口蓋　3.3(合成樹脂)
		陰極板　2.0
		集電棒　1.7
		セパレータ　0.9(3枚)
		タール　0.1
		陽極合剤　46.1
		①二酸化マンガン　(39.9)
		②黒鉛　(6.2)
		ペースト亜鉛　17.3
		電解液　27.2
		その他
3	分析値	陽極合剤　T-Mn (%)　47.46
		MnO$_2$ (%)　71.30 Net.(36.70g)
		C (%)　12.10
		Zn (%)　0.52
		K (%)　4.16
		など
		電解液　KOH (%)　47.64

図27　アルカリマンガン乾電池の構造例（1983年現在）

学会でのこの種の発表のはしりは、日本において1983年[注]で2002年現在から約19年前のことであった。最近はこの技術はさらに進んでいて、添加水銀量はゼロになっている。ところでアルカリ・マンガン乾電池の構造は、正極の二酸化マンガンが外側にあって、負極亜鉛の部分が内側にあるから、この構造を

注：宮崎和英、賀川恵一、電気化学協会創立50周年記念－第50回大会講演要旨集、1983年、p.50。

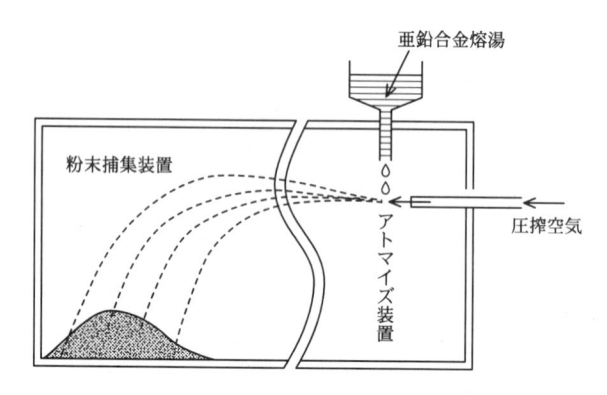

図28　電池負極用亜鉛粉の製造装置略図

インサイド・アウトという。

　参考のためにいうと、図28のような原理で亜鉛合金粉を作る。細長い箱があって、その上のほうにロート状の入れ物がある。亜鉛合金の熔融したものをここに入れておく。そして、ぽたぽたと落ちてくるところを圧搾空気で吹く。そうすると亜鉛合金が飛沫になって向こう側に落ちる。そういうふうにして粉末を造る装置を一般にアトマイズ装置という。

　亜鉛合金粉を電子顕微鏡で見ると写真8のようになっている。大きさや形状はいろいろだが、おおよそ代表長さが300μmくらいで、代表直径が50μmくらいである。圧搾空気で吹き飛ばされながらできているので、このように細長くなっている。

　ところで、アルカリマンガン乾電池の電池ダイアグラムは基本的にはZn｜KOH(aq)｜MnO$_2$, Cであるが、本によってはZn｜KOH(aq)(ZnO飽和)｜MnO$_2$, Cと書いてある。ZnOが苛性カリの中に酸化亜鉛を飽和してあるという意味である。だから、本によってはZnO(飽和)と書いてある。なぜ酸化亜鉛を飽和させるかというと、亜鉛合金粉末が苛性カリに化学的に溶けてしまうのを防ぐのである。カーボンはアセチレンブラックではなくグラファイトである。これは理屈ではなく、実験から、グラファイトを用いた方が具合がよいからである。

　次にマンガン乾電池とアルカリマンガン乾電池の実用上の特性の差について

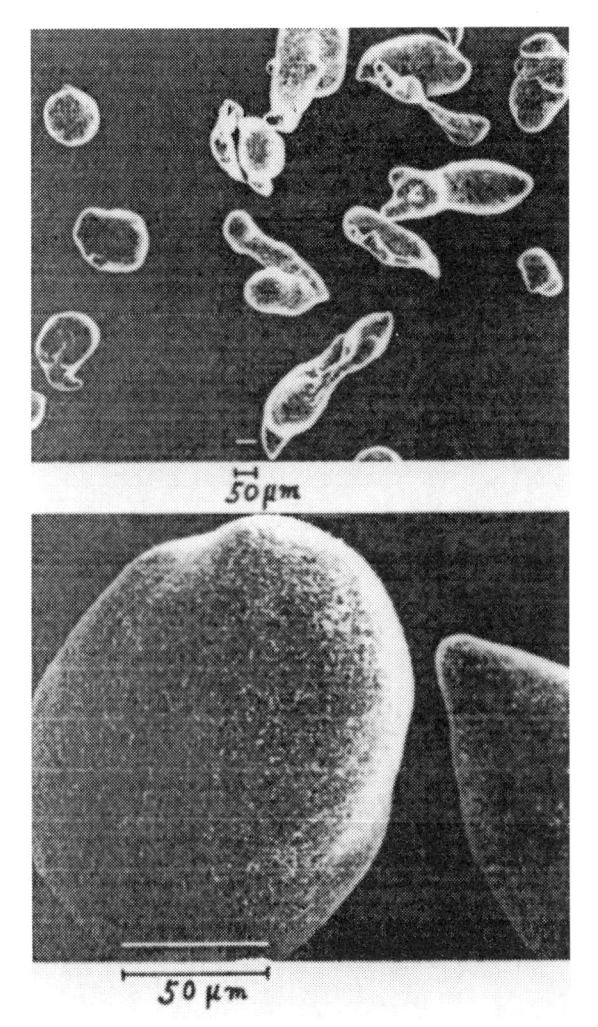

写真8 アルカリマンガン乾電池用負極亜鉛粉の走査電子顕微鏡写真

話す。放電様式に2通りある。重放電と軽放電だ。Heavy dischargeとLight dischargeである。電流を余計に流すのを重放電という。目安として単一型乾電池の例でいえば100～300mA以上が重放電で、それ以下が軽放電と考えてよい。重放電にはアルカリマンガン乾電池がよい。軽放電にはマンガン乾電池がよい、特に間欠放電というのに向く。例えば、懐中電灯用に向いている。しか

しオモチャのロボットを動かすとか、テープレコーダーを回すようなモータ用の仕事にはアルカリマンガン乾電池が向いている。したがって、使う目的によって買う電池をうまく使い分けると非常によい。間欠放電の反対は**連続放電**と呼ぶ。連続放電にはアルカリマンガン乾電池が向いている。つまり、つらい仕事をさせるにはアルカリマンガン乾電池を使った方がよい。

　それでは電池のパワーについての常識的問題を考えてみよう。単一型の乾電池はどれくらいのパワーがあるのだろうか。単一型の乾電池は単位重量当たり何ワットぐらいのパワーを出すことができるだろうか。比較の対象として、体重55kgの人間の平均出力は約100W、馬の体重は約450kgであり、出力は1馬力、すなわち760Wであるとする。これらを電池の出力密度と比べてみよう。ただし単一型アルカリマンガン乾電池を比較の対象にする。これは重量約123gである。実験の結果、2.25Ωの負荷で連続放電させたところ、終止電圧0.9Vに至るまで735分間放電でき、放電量は6.21Ahであったとする。また、放電時の平均端子電圧を1.1Vとする。

　そうすると、この電池の放電中の平均電流は1.1(V)／2.25(Ω)＝0.49(A)である。したがって、平均出力密度は0.49(A)×1.1(V)／0.123(kg)＝4.37(W／kg)。

　一方、人間は100Wを55kgで割る。そうすると1.82W／kgになる。馬は、760Wを450kgで割るから、1.69W／kgになる。よって電池＞人間＞馬の順に力が強い。電池は力持ちなのである。馬が力が強いと感じるのは体重が重いからである。

§23 機能性無機粉体材料

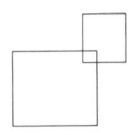

　上述の事柄から、電池活物質としての二酸化マンガンや亜鉛合金粉は典型的な機能性無機粉体材料の例であることが理解できたと思う。実はアセチレンブラックもその1つである。

　アセチレンブラックはカーボンブラックのメンバーの一員である。カーボンブラックの分類を表5に示してある。それぞれの特徴、原料、および用途である。一番上にアセチレンブラックがあり、その次にガスブラック、それからオイルブラック、ナフタレンブラック、その他、と続いている。アセチレンブラックの特徴は前述のとおり鎖状構造で、比重(0.03～0.06)と軽い。あとのものはそれの3倍以上の比重で、粉末状である。比重が0.06～0.18でかなり重い。原料はアセチレンブラックの場合はアセチレンで、ガスブラックは天然ガスや石炭ガスなどを使う。オイルブラックは重油、ピッチオイル、クレオソート油を使う。ナフタレンブラックはナフタレンを使う。その他というのは、アントラセンなどを使う。アセチレンブラックの用途は電池、導電用。他の三つはゴム添加用である。

　アセチレンブラックの用途として導電用とある。これについて説明すると、プラスチックにアセチレンブラックを混ぜることによって、プラスチックでありながら導電性が若干あるものができる。プラスチックは普通絶縁体である。

表5 カーボンブラックの分類

分類	特徴	原料	用途
アセチレンブラック	鎖状構造 比重0.03～0.06	アセチレン	電池、導電用
ガスブラック	粉末状 比重 0.06～0.18	天然ガス、石炭ガス、発生炉ガス	ゴム添加用
オイルブラック		重油、ピッチオイル、クレオソート油	
ナフタレンブラック		ナフタレン	
その他		アントラセンなど	

だけど導電性を与えたい場合がある。ホテルの床などに合成繊維でできた絨毯を敷いてあると静電気が発生して、それが人体の指先とドアのノブの間などで放電して、びっくりする。このような場合、アセチレンブラックを混ぜたプラスチックでつくった合成繊維を用いると、導電性が増し静電気をためにくくなる。

　ゴム添加用について。自動車のタイヤは黒い。これはカーボンブラックが混ぜてあるからである。なぜ混ぜるかというと、一般に導電性のよいものは熱もよく導く。昔の自動車のタイヤは白色だった。生ゴムを単に加硫しただけだったからである。そうすると使用中に摩擦熱がたまり、その結果、ひと月くらいで破裂した。第一次世界大戦中に使い物にならなかったといわれている。それでカーボンブラックを混ぜてみようということになった。そうするとひと月ぐらいしかもたなかったタイヤが1、2年もつようになった。そういういきさつがある。だから現在のタイヤは黒い。

　色をつける場合に無機化合物を入れる場合がある。そういう役目をするものを顔料という。広い意味でいうとカーボンブラックも顔料といえる。顔料とは、水や油に溶けない白色や有色の物質のことである。用途は繊維、プラスチック、紙、ゴム、ガラス、セメント、焼き物などの着色に使われる。その他、身近な例としては、ペンキ、インキ、化粧品、マーカーの着色剤、防食剤、帯電防止剤だ。顔料の特性として隠蔽力というのが大切である。1gの量でどれくらいの下地の面積が隠せるかということである。粉の光に対する屈折率、粒子の大

きさによって隠蔽力が異なってくる。屈折率が大きく、粒子が小さいほど、隠蔽力は大きくなる。色の種類が各種類あるけれど、70％が白色顔料である。そのうち、白にもいろいろあるけれども、酸化チタン（チタン白）が7割を占めている。屈折率の大きい無色の微粒子に対しては、光が散乱し、反射して白色に見える。

§24 大島紬

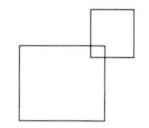

　顔料の話の続きで大島紬(オオシマツムギ)の話をしたい。その前に顔料の話をもう少しすると、顔料というのは**無機顔料**、**有機顔料**に大別されるが、その中間に**有機金属化合物顔料**というのがある。有機金属化合物顔料というのは主として繊維用である。**レーキ**(Lake)は有機色素と金属塩類の化合物の総称だが、その不溶性の**沈殿物**をつくって繊維を染めるというやり方がある。一般的に日本語では**媒染法**と呼ばれている。どんなやり方で有機色素と金属塩類の仲立ちをするかというと、あらかじめ有機染料成分を繊維中に染み込ませておくというのが第1番目。2番目としてその後、金属の塩類を加える。どんな金属かというとアルミ、鉄、クロムなどである。そうすると金属と有機染料が化合して繊維の中に有機金属化合物ができる。そして沈殿して繊維の中に潜り込む。その有機金属化合物類のことをLakeという。だから非常に強固に繊維と顔料が化学的にくっつくという結果になる。

　これはいろんなところで行われていて、例えば日本の古来からのやり方として大島紬があげられる。顔料そのものを繊維の中で作るわけだからよく染まる。私は日本の各地方の、昔からのそういった伝統的な技術といったものはものすごく貴重であると思う。大島紬の例は、このようなものの1つである。相撲の関取以上になると大島紬で着物を作るそうである。このネクタイは私が数年前

§24 大島紬 119

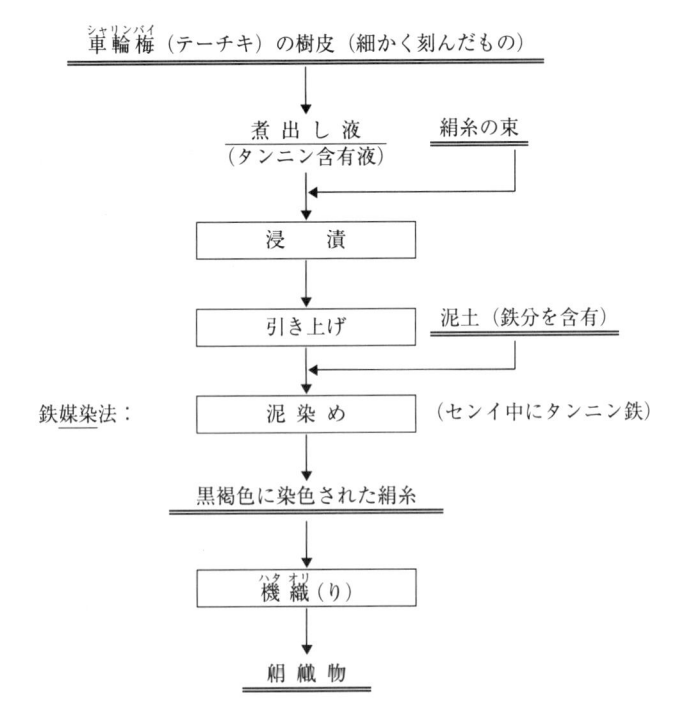

```
        車輪梅(テーチキ)の樹皮(細かく刻んだもの)
         シャリンバイ
                    ↓
              煮 出 し 液      絹糸の束
             (タンニン含有液)
                    ↓←─────────┘
                ┌─────────┐
                │ 浸   漬 │
                └─────────┘
                    ↓
                ┌─────────┐
                │ 引き上げ │    泥土(鉄分を含有)
                └─────────┘
                    ↓←─────────┘
      鉄媒染法：  ┌─────────┐
                │ 泥 染 め │  (センイ中にタンニン鉄)
                └─────────┘
                    ↓
             黒褐色に染色された絹糸
                    ↓
                ┌─────────┐
                │ 機 織(り)│
                │ ハタオリ │
                └─────────┘
                    ↓
                 絹 織 物
```

図29 大島紬製造フローシート概略
       オオシマツムギ

に奄美大島に旅行した時に買ったものである。

　大島紬の作り方をもう少し詳しくフローシートで描くと、図29のようになる。シャリンバイ(地方語でテーチキ)という木があって、白い花が咲いて丸い紫色の実がたくさんできる。写真9のように花がたくさん咲く。そのシャリンバイの樹皮をむいて細かくきざみ、お湯で煮て、煮出し液をつくる。その中にシャリンバイに含まれていたタンニンが浸出してくる。そのタンニン含有液をまずつくる。それに絹を染めようとする場合は、その液の中に絹をつけ込み引き上げる。そのあと、鉄分を含んだ泥と混ぜる。このやりかたを**鉄媒染法**という。泥の中の鉄分を利用するから、昔から泥染めといわれていた。泥染めで**タンニン鉄**というのがセンイ中にできる。タンニンが有機物で鉄が金属だから、これがこの場合の有機金属化合物である。それで黒褐色に染まった絹糸ができる。泥染めの作業というのは写真10のようにして行う。鉄媒染法の出所

写真9　車輪梅
（梅棹忠夫他監修「日本語大辞典」、講談社、1992年より）

写真10　泥染め作業
（奄美大島の大島紬観光公園パンフレットより）

として土を使うというのは、発想がすばらしい。土の中の鉄というのは酸化鉄である。

フローシートは一般的に、物質や材料のところにアンダーラインを引く。四角で囲むのは工程やプロセスである。例えば、煮出し液は物質だからアンダーラインである。引き上げ作業はプロセスだから四角で囲む。泥土は物質だからアンダーライン。泥染めはプロセスだから四角の箱である。というふうに化学工業では表示法が大体決まっている。

泥染めの作業というのはこのようにして行っている。工場の庭に穴を掘って水を入れた箱を置いて、そこに泥水をためて織物に泥を染みこませる。天然の有機金属化合物で染色している大島紬は、上品な色と柄である。

§25 無機物質製造時の自触反応の例

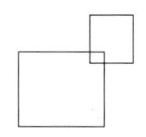

　他の顔料について少し補足しよう。主な**無機有色顔料**としては、赤色はベンガラ（酸化鉄）、鉛丹（四三酸化鉛）、朱（硫化水銀）。黄色は黄鉛、亜鉛黄、カドミウムイエロー。緑色は酸化クロム、ギネグリーン、緑青、コバルトクロムグリーン。青色は紺青、コバルトブルー、群青など。これらの全部の化学式を覚える必要はないだろうが、酸化物は覚えておくとよい。鉛丹（Pb_3O_4）については面白い話があるから、紹介しよう。鉛丹の製造工程の概略を図30に示す。

　私は大学を出た後、ある企業の無機化学工場に勤務していた。そこの工場は、ものすごくたくさんの種類の無機材料を作っていたので、大学を出たばかりの若者が実地に勉強するための絶好の環境だった。その中に鉛丹の製造工程もあった。鉛のインゴット（鉛の純度は99.99%）を加熱して溶かして球状の鉛に鋳なおす。そうやってできた球をボールミルの中へ入れる。空気を吹き込みながらごろごろと回す。そうするとボールミルの中で鉛のかたまり同士がぶつかり合って表面から鉛の酸化物の一種の細かい粉ができてくる。空気が送り込まれているから$PbnO$という表し方がされていて、**亜酸化鉛**という名称も付けられている。これを別名、鉛粉(エンプン)というが、金属鉛の粉ではなく酸化している。色は黄褐色がかった灰色で、この段階では冴えない色である。その$PbnO$の粉末を木の大きな箱の中に入れて水をまく、そして放っておいて熟成する。その後、

§25 無機物質製造時の自触反応の例 *123*

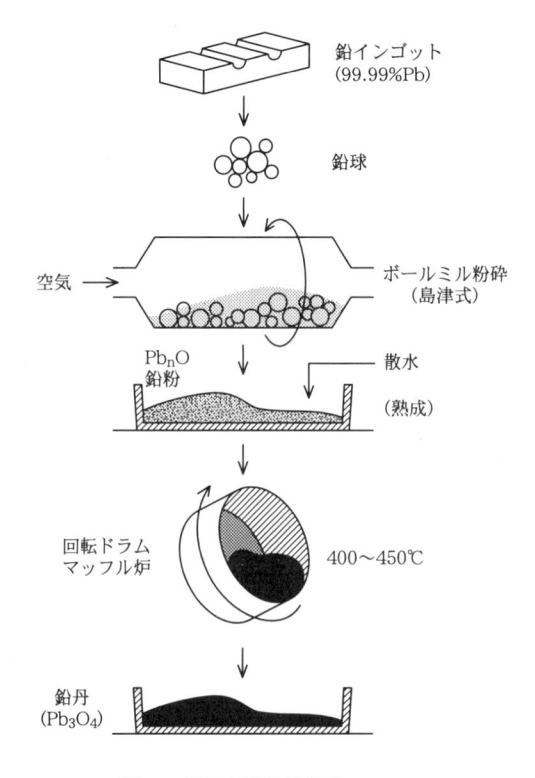

図30 鉛丹の製造法概略

回転ドラムの中に入れる。その周りから電気炉で加熱(400〜450℃)すると鉛のねずみ色の粉が徐々に赤い酸化鉛の粉になる。焙焼時間は、その当時2日間くらいかかっていた。この粉を鉛丹(Pb_3O_4)と呼ぶ。丹は赤の意味である。

ところが、この赤色が製造日によって違っているというクレームがユーザーからきた。私はこのクレームが発生しないように工程改善を命ぜられたので、工場で作業員の人がドラムの中からスコップで鉛丹を取り出したりしているのを注意深く見ていた。その作業を、2〜3週間続けて毎日見ていて次のようなことを発見した。回転ドラムをきれいに掃除して次の鉛粉を入れて焼成した鉛丹は、あまり赤色がよくない。だいたい色みたいなくすんだ色なのである。逆に、掃除が行き届かずに、中に鉛丹を少し残したままで次の鉛粉を入れて焼成

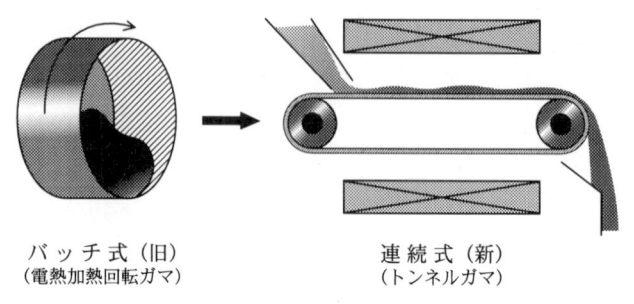

バッチ式（旧）　　　　　連続式（新）
（電熱加熱回転ガマ）　　（トンネルガマ）

図31　鉛丹製造現場の鉛粉焙焼装置の変遷

した鉛丹は赤色がよい。それで、わざわざ回転ドラムを掃除しないで、次の鉛粉のバッチを焼くことを進言するレポートを書いて、上司に提出した。これによって、かえって鮮かな赤色が得られるようになった。焙焼時間も短くてすむようになった。

　工場の実験室で熱天秤によってこの焙焼反応を解析した結果、この現象の理由は、**自触反応**によるものであることが分かった[注]。当時の問題点が焙焼時間の短縮と、赤色度の均一化であったが、これらはこの自触反応の発見によって解決した。その後、私は企業から派遣されて米国に留学したが、帰国後、数年たって製造現場を訪れた時、装置が改良されているのを発見した。図31で左の方がそれまでの回転ドラムを示す。右の方に鉄製のベルトコンベアのようなものが描いてあるが、この方式に変わったのである。これは全体がトンネルガマの中に入っていて、ホッパーから原料が装入され、ベルトコンベヤー上で焼かれているうちに鉛丹になって下に落ちる。こういう自動的な装置に改良された。どのように自触反応が利用されているかというと、ベルトコンベアの上の鉛丹は完全には落っこちなくて少しくっついて残っていることによって、自触反応の触媒として次の焼成反応に利用されている。しかも連続式だから、人力も非常に省くことができる。これまでの話から分かるように、一般の教科書には載っていないが、顔料はものすごく苦心して、それぞれ独特の技術で製造されている。ハイテクの一種である。

注：K. Miyazaki, "Autocatalysis in Calcination of Powdered Lead," J. Appl. Chem. Biotechnol., 23, 1973, pp. 93-100.

さきの図30の鉛丹製造フローシートで、島津式と書いてある。ボールミルで鉛粉を作る部分をいうのである。こうやって作った鉛丹を用いて鉛バッテリーの活物質を作る。その方法は日本の島津源蔵という人が明治時代に発明した。この人は鉛粉製造法の国際的な特許をとり、世界中で鉛バッテリー用の鉛粉はその特許を使って製造されていた。それぐらい有名である。GSバッテリーという商品名の鉛バッテリーがある。これはGenzo Shimazuの頭文字である。島津源蔵さんの名前を記念して日本電池社が付けた名前である。

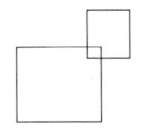

§26 鉛バッテリー(鉛蓄電池)

　鉛バッテリーの原理は次のようである。まず、電池の入れ物があって、その中に2つの極が入っている。マイナス極とプラス極である。マイナス極の活物質は鉛そのものであり、鉛製の心棒や枠の周りに、鉛粉と硫酸およびバインダーを混ぜたペーストを圧着、乾燥（130℃）するとマイナス極ができあがる。プラス極は中の芯は鉛そのものであるが、過酸化鉛（二酸化鉛）と硫酸とを混ぜてペーストにしたものを圧着して乾燥（150～160℃）させたものである。電解液は硫酸水溶液である。それで両極を外部回路に結合して放電させる。構造としては簡単である。鉛の心棒や枠は、最近、鉛－アンチモン合金を経て、鉛－カルシウム合金になった。

$$PbO_2 + Pb + 4H^+ + 2SO_4^{2-} \rightleftarrows 2PbSO_4 + 2H_2O \quad \cdots\cdots\cdots\cdots (24)$$

　これが鉛バッテリーの電池反応である。放電は(24)式の左から右へ、そして充電は右の方から左の方へ反応が進む。車を持っている人は経験しているかもしれないが、鉛蓄電池を放電して使った時に、ガソリンスタンドなどで硫酸水溶液の比重を測る。それは何をしているかと思っただろう。放電をすると水ができて、硫酸の濃度が低下して、比重が減少する。ガソリンスタンドで硫酸の比重を量るのはバッテリーがまだ使えるかどうかをみているのである。端子電

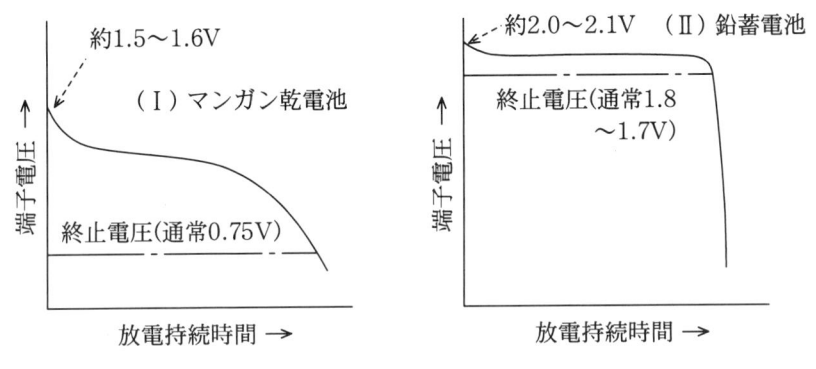

図32 マンガン乾電池(左)と鉛蓄電池(右)の放電曲線の特徴

圧を測るという手もあるが、鉛バッテリーは図32の右のように急に電圧がストンと落ちるので、電圧を測って分かるくらいなら、バッテリーはダメになった後である。"Too late"というわけだ。

横軸が放電持続時間、縦軸が端子電圧のグラフにおいて、マンガン乾電池の場合は図32の左に示すように緩やかに電圧が下がっていく。鉛バッテリーは最初の電圧は高く、2Vもあるが、放電が進行して1.8Vぐらいになったらカーブが突然、急に落ちる。それはなぜだと思う。放電生成物の$PbSO_4$が不導体だからである。電気を通さないものが膜状になって過酸化鉛の上にできる。それで電池の端子電圧がストンと落ちてしまう。$PbSO_4$の膜は、できた途端に充電すれば消失する。ところが長く放っておくとだんだん強固になる。そして充電しようとしても硬くなってしまって電気が流れない。そういう状態をサルフェーションと呼ぶ。

ところで電池を放電させるときに、大きな電流で放電させると得なのか損なのか、という問題がある。これはケース・バイ・ケースで判断しなければならないが、1つの実験結果を紹介して読者の参考に供したい。

二酸化鉛活物質の性能テスト用の小さな鉛バッテリーを組んで、3通りの放電電流で、いわゆる定電流放電実験をやってみたところ、概略次のような結果が得られた。すなわち、放電電流50mAのとき放電持続時間が約25hr、放電電流100mAでは約8〜9hr、そして放電電流750mAのときには、なんと1時間未

満で放電が終わった。

　鉛バッテリーの作り方にもよるので、相対的な例を出したにすぎないが、一般的傾向として、電池から大きな電流を取り出そうとすればするほど、放電持続時間（したがって放電容量）は激減することに留意すべきである。

　一般に電池の放電容量は放電の終止電圧までに得られるWhの値である。まず定抵抗放電の場合と定電流放電の場合の一般化をしてみると、次のようになる。

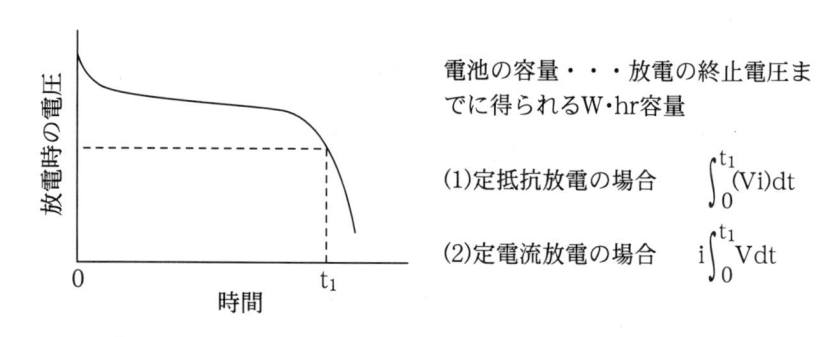

電池の容量・・・放電の終止電圧までに得られるW・hr容量

(1)定抵抗放電の場合　　$\int_0^{t_1}(Vi)dt$

(2)定電流放電の場合　　$i\int_0^{t_1}Vdt$

　放電曲線の関数がどのような形の数式になるのか不明の場合が多いから、図上積分の手法を用いて差し支えない。しかし、終止電圧をどこに設定するかを、電池の種類や用途に応じて明確にしておく必要がある。

§27 ニッケル・カドミウム電池

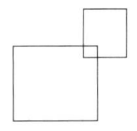

　この電池は非常に優秀である。しかし、カドミウムは歓迎されない物質で、病理学的には必ずしも全部が解明されていないようだが、カドミウムは公害物質ということになっている。しかし、遠い宇宙の彼方の人工衛星などで使われるぶんには差し支えないといわれている。この電池は何千回と充放電を繰り返すことができる。ニッケル・カドミウム電池の陰極の真ん中の集電体は、ニッケルの網（ニッケルメッシュ）である。これにカドミウム粉がバインダーで圧着してある。陽極はNiOOH（オキシ水酸化ニッケル）の粉で、やはりニッケルメッシュの上にくっつけてある。電解液はアルカリ水溶液、特に水酸化カリウム水溶液で開路電位は約1.34Vである。電池反応は

$$2NiOOH + Cd + H_2O \rightleftarrows 2NiOH + Cd(OH)_2 \quad \cdots\cdots\cdots\cdots (25)$$

右向きが放電で、充電は逆向きの反応である。

　ニッケル・カドミウム電池にはよい特徴があるから、環境上、問題にならないところでは大いに使われている。電池の特徴の1番目は、完全密閉が可能なことである。鉛バッテリーの場合は容器の中に硫酸が入っていて、ひっくり返したら大変だ。しかも鉛バッテリーは完全密閉できない。なぜなら、過充電の状態になると極から水素と酸素が発生するからである。水素2容と酸素1容の

混合気体は「爆鳴気」と称される甚だ危険なものである。ちょっとでも電気火花などが飛んだり、火の気があったりするとドカンと爆発するのは、諸君もよく知っているとおりである。ところがニッケル・カドミウム電池の場合は、過充電の状態の時に発生する酸素がカドミウム負極で消費され、爆発も何もないので完全密閉してよい。そのためには、しかし、あらかじめ理論量よりもかなり多いカドミウムを負極に保持させるなど、構造上の工夫がほどこされている。2番目の特徴は過充電に強く、同時に過放電にも強いことである。鉛バッテリーは放電後、油断するとサルフェーションが生じるため、性能が極端に落ちたり、充電できなくなる。3番目、急速充電が可能であること。4番目、放電電圧が比較的一定であり、しかも急降下しない。だから、放電の終期が大略予想できる。5番目、充放電サイクルが長寿命である。例えば人工衛星用では7000サイクルなんかは平気でできる。鉛バッテリーは2000〜3000サイクルが普通である。6番目、長期保存が可能である。鉛バッテリーの場合には、放電しなくても硫酸中でサルフェーションが起こるので、長期保存ができない。ニッケル・カドミウム電池はひと頃、移動式の電気掃除機にも使われたりした。

§28 リチウムイオン二次電池

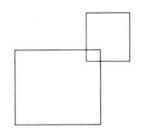

リチウムイオン二次電池の話に移ろう。リチウム電池は最初一次電池として開発された。しかし二次電池に向かって開発が進められた結果、一次電池とは違った構造や物質を使って、二次電池となった。

リチウムイオン電池はいろんなところに使われているが、一番なじみのあるものでいうと携帯電話である。しかし、携帯電話用としてリチウムイオン二次電池が使われるようになったのは最近のことである。というのは、携帯電話というのは1987年頃現れた。ただしそのころは携帯といえるほどのサイズや形ではなく、ものすごく大きかったし、重かった。例えば900gもあった。それは中の回路が充分に進歩していなかったせいもあるし、電池もニカド電池が使われていたせいもある。しかも使用時間が短く、充電1回につき約60分の使用時間であった。そのような時代がしばらく続いて、1991年になって様相が変わってきた。それはリチウムイオン二次電池が出現したからである。内部のIC回路も進歩し、携帯電話は小型軽量になり、約80gになった。しかも使用時間が2倍以上に伸びて120〜200分になった。リチウム電池は筒型と角型に大別される。筒型は直径が18mmで高さが65mmくらい、角形は32mm×48mm×4〜6mmである。

携帯電話の中には色々な金属がIC回路を構成するために使われている。代

表的なものを二つだけ挙げると、プリント配線のための銅箔とICチップ用の金線である。銅箔は電解法によって作られ、厚さ20μmくらいのごく薄いものである。金線はやはり直径20μm程度のもので、髪の毛くらい。これはボンディングのために使われる。つまり、ICチップからリードフレームに電気的に結合するために使われている。金の使用量について例え話をすると、鉱石中の金の量より、携帯電話中の金の量がはるかに多い。

リチウムイオン二次電池の大略の原理は次のようである。すなわち、リチウムイオンがカーボンに含浸されているものを負極として使用し、正極としては二酸化コバルトが使用されている。それらが放電して二酸化コバルトがコバルト酸リチウムになる。充電するとコバルト酸リチウムからリチウムイオンがカーボンの中に戻って再び正極は二酸化コバルトになる。

現在のリチウム電池の構造モデル図を描くと図33のようになる。電池の入れ物があってマイナス極とプラス極が挿入してある。両方の極の中心にそれぞれ集電体がある。集電体には何が使ってあるかというと、初期の一次電池用はステンレスの金網であったが、現在のリチウム・イオン二次電池用には銅箔が負極用集電体、そしてアルミニウム箔が正極用集電体として使われている。それぞれに負極活物質と正極活物質が圧着してある。

負極の方はグラファイト構造をした炭素である。炭素はどういうメリットがあるかというと、層状構造をしていることである。炭素原子たちがずらっと平面状につながって亀の甲の形をしている。そういう層が何層もファン・デル・ワールス力で重なっている。ところで炭素にはいくつか種類がある。半結晶構造(グラファイト)、非晶質炭素(木炭)、完全な結晶形(ダイヤモンド)、サッカーボール構造などがある。リチウム・イオン電池の負極用としてはこれらのうちグラファイトが使われ、その層状構造を図33で模式的に高層建築物状に描いたつもりである。

正極の方はどうなっているかというと、二酸化コバルトが使われており、これも層状構造である。これらが電解液の中につかっている。電池の3要素はマイナス極、プラス極、電解液である。それが外部回路と結合すれば電池反応が起こる。

§28 リチウムイオン二次電池

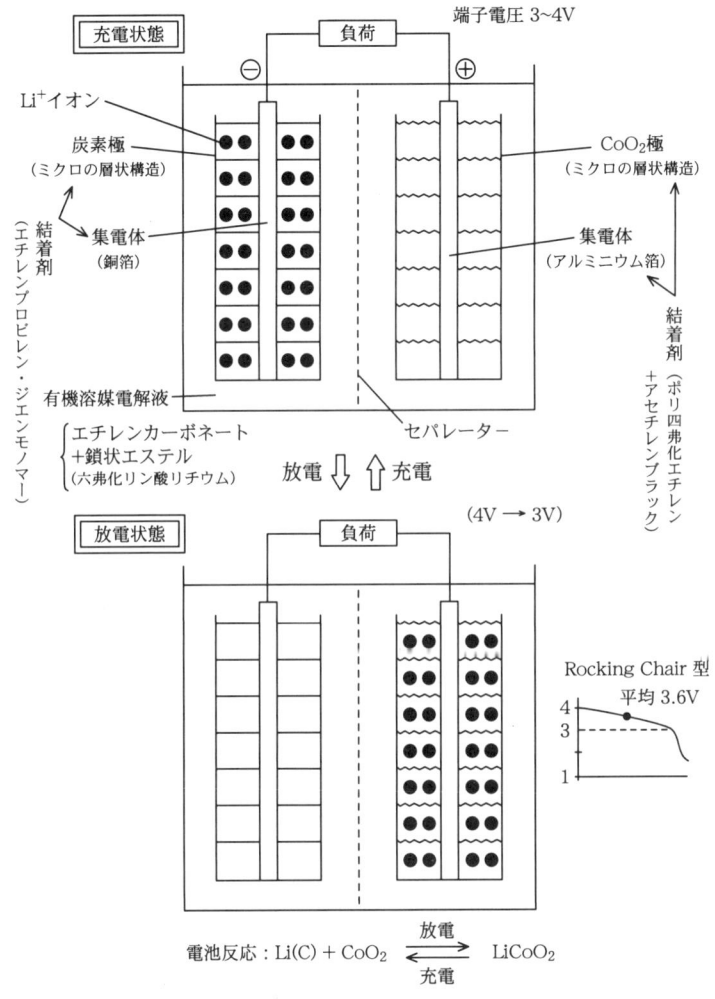

図33 リチウムイオン二次電池の作動原理図

図中のラベル:
- 充電状態
- 負荷／端子電圧 3〜4V
- Li$^+$イオン
- 炭素極（ミクロの層状構造）
- 集電体（銅箔）
- 結着剤（エチレンプロピレン・ジエンモノマー）
- 有機溶媒電解液
- エチレンカーボネート＋鎖状エステル（六弗化リン酸リチウム）
- セパレーター
- 放電 ⇅ 充電
- CoO$_2$極（ミクロの層状構造）
- 集電体（アルミニウム箔）
- 結着剤（ポリ四弗化エチレン＋アセチレンブラック）
- 放電状態
- 負荷（4V → 3V）
- Rocking Chair 型　平均3.6V
- 電池反応：Li(C) + CoO$_2$ ⇌ LiCoO$_2$（放電／充電）

　この電解液は一次電池のリチウム電池用の電解液ではだめだということが分かってきた。充電できないのである。一次電池には何が使われていたかというと、プロピレンカーボネートとジメトキシエタンという有機溶媒の混合溶液に過塩素酸リチウムを溶かせるだけ溶かし込んだようなものであった。二次電池の時に使われるのは主にエチレンカーボネートというものである。これにフッ

化リン酸リチウムを溶かし込んである。しかしこの組成も日進月歩である。

両方の活物質同士の短絡を防ぐために、セパレータがないといけない。これは他の電池も同様である。充電状態の時にはリチウム・イオンは炭素極の層状構造の間隙に宿を取っている。こういう状態をインターカレーションという。「炭素極の層状構造の間にリチウムイオンがインターカレーションしている」と表現する。それが放電する時には、不思議なことに二酸化コバルトのマンションの方に引っ越す。放電した結果、今度は二酸化コバルトの層状構造の中にリチウムイオンがインターカレーションしてしまう。ただし100人の下宿リチウムイオン中の100人全部が、二酸化コバルトのマンションに移動するのかというとそうではない。大体50人くらいが移動する。50％くらい移動が行われる。こういうインターカレーションが交互に行われ、充電の時にはまた戻るというわけである。

ロッキング・チェア（揺り椅子）を見たことがあるだろうか。シーソーが上下に昇降するように、片方にお婆さんが座っていて、編み物なんかしている。もう一方には孫が座っていて、お婆さんが孫をあやしながらゆったりと椅子を交互に上下に揺らしている、という風景だ。こういう椅子のことをロッキングチェアと呼ぶ。上述のリチウム電池の電池反応を、ロッキングチェア型の電池反応ということがある。

正極・負極両方ともミクロの層状構造である。だからミクロの層状構造を持っている物質でより性能のよい極はないだろうかと、その探索がこの数年間しきりに行われている。そういったものを発見することによって、ますますリチウムイオン二次電池の性能が上がることが期待される。放電曲線は図33中に小さく描いたように、最初4Vくらいから始まって3Vくらいまで直線的に下がって、あとはストンと落ちる。平均値は3.5〜3.6Vである。

§29 水素貯蔵合金

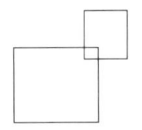

　ニッケル水素電池も二次電池である。この話をする前に知っておかなくてはならない新材料の**水素貯蔵合金**というものがある。**水素吸蔵合金**という場合もある。いろいろなエネルギー源が探索されている中で、**水素エネルギー**というのは非常によいと、最近しきりにいわれている。水素貯蔵合金の利点としては水素の貯蔵と運搬がこれによって可能であるということ、水素エネルギーと電気エネルギーの相互変換が容易であること、環境汚染がないこと、などが挙げられる。

　そこで今から40〜50年前に水素を蓄えられる合金を開発しようということになった。その出発点はさらにずっと昔からあった。それは**金属水素化合物**というものである。これは金属の性質として大部分の金属は水素と反応して水素を蓄えることができるという実験事実から、この性質は随分前から知られていた。例えばパラジウム、ウラン、チタン、ジルコニウム、イットリウムなどがこの種の金属である。けれども昔は逆にこういったものから水素を取り出そうということは着目もされなかったし、水素はもう放出されないと思っていた。しかし1960年代の末から、水素貯蔵を目的として、簡単な操作で、水素を吸収したり、適当な圧力の水素を放出する合金はないだろうかなどという探索が始められた。その成功例として1974年、鉄チタン合金というのがアメリカの

ブルックヘイヴン研究所で開発されて、そういう性質があるということが分かった。その合金1kgの中に常温常圧の水素を約200L吸収してしまうということが分かった。これは水素の体積が700分の1になっている。一方、水素を－253℃にして液化した状態では、その時の水素原子の数は$1cm^3$あたり$4.2×10^{22}$個である。この鉄チタン合金では、$1cm^3$に対して$5.57×10^{22}$個である。つまり、液化した水素と同じような状態になっているということが分かった。

吸蔵し得る水素の大小を比較する尺度に2通りがある。1つはHM比というものである。これは母体の金属の原子数に対して、吸収された水素の原子数の比はどれくらいかという考え方である。例としては$LaNi_5$という水素吸蔵合金の場合、これには水素の6.7原子が吸い込まれて$LaNi_5H_{6.7}$という組成になる。それでHM比を取ってみると、金属の原子数はランタン1個でニッケルは5個だから、1＋5である。そして水素の原子数は6.7である。だから、HM比＝6.7／6＝1.1という数値が出てくる。

あと1つの表し方は、母体金属中の水素の重量％で表す方法がある。$LaNi_5H_{6.7}$の場合は1.5％である。水素の原子量の合計の6.7を、合金の$LaNi_5$の原子量の合計の432で割って％を出すと、1.5％となる。1.5％の重量比というのはまだ低い。1964年にブルックヘイブン研究所でさらに発明されたMg_2Niというものは水素を4原子吸い込むことができる。同じような計算をすると、重量で3.6％の水素を中に吸い込んでいるという計算になる。このように新しい合金が次々と開発されていった。一方、普通の150気圧の高圧ボンベの中に水素はわずか1％しか含まれていない。それに比べると水素吸収合金というのはものすごく水素を吸収していることが分かる。しかも金属水素化物の方が水素ボンベよりも安全性が高い。安全性が高い理由が2つある。つまり貯蔵圧力が低くてすむ。また万が一破損しても水素が爆発的に噴出しない。

水素吸蔵合金による水素の吸収放出の話に移ろう。これには発熱と吸熱を伴う。例として$LaNi_5$合金の場合でいうと、次のようになる。

$$0.364LaNi_5H_{0.5} + H_2 \rightleftarrows 0.364LaNi_5H_{6.7} + 7.2kcal \quad \cdots\cdots(26)$$
$$(\alpha\,相) \qquad\qquad (\beta\,相)$$

左側が水素がない状態、右側が水素を吸収した状態である。これが右にいったり左にいったりできる。水素をしまい込むのが右向きの反応であり、水素を放出するのが左向きの反応である。左側がα相で、右側がβ相とある。α相は水素を吐き出した状態でも水素が0.5原子ぐらいは完全に吐き出されないで残っている。水素を大きく吸い込んだ状態では水素は6原子、これがβ相である。その時には7.2kcalの熱量が水素1molに対して発生する。

注意すべきはこのサイクルを繰り返すと金属は微粉化していくという現象がある点である。これは水素吸蔵合金の欠点である。水素を出し入れしていくうちに粉になっていく。これは水素が金属の結晶格子の中を出入りすることによって起こる。しかしこれを逆手に取って金属合金を粉砕したい時にはこの現象を利用できる。

水素吸蔵合金の利用は、1番目に水素の貯蔵で、2番目にエネルギーシステムの構築というやや大げさな表現があり得る。下のシステムを見てもらうと、横のシステムでは金属が水素を吸収して金属水素化物になり、その時に反応熱を出す。水素吸蔵合金Mに水素ガスH_2を作用させると、それは熱を放出しながら水素を吸収するというわけである。今度は、水素を吸収した金属に熱エネルギーを加えると左の方に反応が逆戻りする。これはルシャテリエ・ブラウンの法則によるものである。外界の変化を和らげようとする方向に反応が進むから、熱を奪うような外界の変化を与えてやると反応は右に進む。

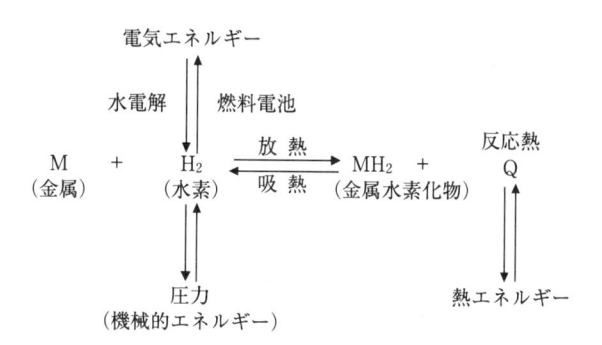

この水素をどうやって持ってきたらよいだろうか。水を電気分解すると水素

と酸素が発生するが、電気分解というのは電気エネルギーを使わなくてはならない。また、水素があれば酸素との共同作業で燃料電池が可能になる。だから電気エネルギーとの関係が生じる。水素吸蔵合金に水素を作用させるときには、ある程度圧力を加えてやらないといけない。圧力とは何かというと機械的エネルギーである。圧力を加えて水素を吸収させ、圧力を低圧に持ってくると、水素を放出するから、機械的エネルギーとの関連も生じる。ここに上下左右のエネルギー変換システムが現れたというわけである。

§30 ニッケル水素電池

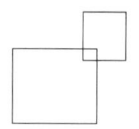

 3番目の利用法が新しい電池、すなわちニッケル水素電池である。水素吸蔵合金中の水素が還元剤で、酸化剤はオキシ水酸化ニッケルNiOOHである。電解液はKOHだ。

 ニッケル水素電池の図を描いてみると図34のようになる。上の方が充電状態で下の方が放電状態である。2本の集電体があって、電解液がある。マイナス極の方はニッケルメッシュの上に水素を吸った水素吸蔵合金が担持させてある。金属が水素を吸っている時、MHやMH$_2$と書く場合がある。結着剤、つまりバインダーを混合してステンレスメッシュにくっつけている。それがマイナス極である。プラス極はNiOOH粉が結着剤とともに圧着してある。電解液は水酸化カリウム水溶液である。これは開路電圧1.3Vである。

 これに外部負荷を介して放電をする。放電に伴って負極の方は、水素がなくなり、金属粉に結着剤が混合されたものとなってしまう。陽極は水酸化ニッケルの粉末＋結着剤になる。電解液は変わらずKOH水溶液である。

 電池反応は

$$NiOOH + MH \rightleftarrows M + Ni(OH)_2 \quad \cdots\cdots\cdots\cdots\cdots\cdots (27)$$

右向きが放電の向きであり、左向きが充電である。これは液ジャボ方式では

(端子電圧＝約1.3V)

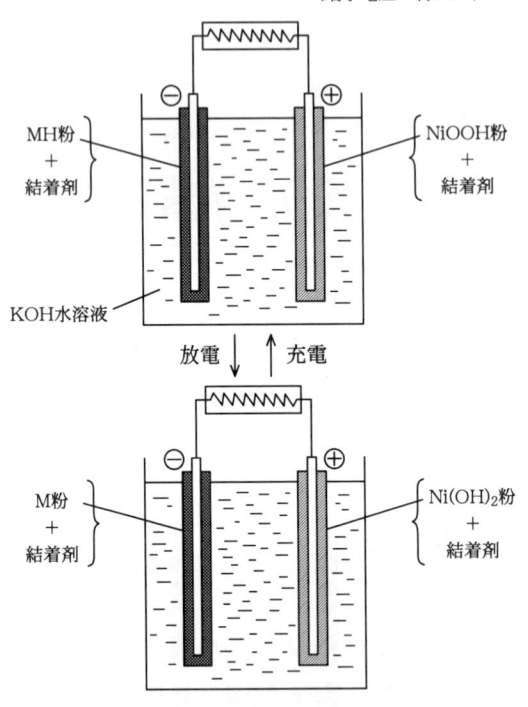

MH粉 + 結着剤

NiOOH粉 + 結着剤

KOH水溶液

放電 ↓↑ 充電

M粉 + 結着剤

Ni(OH)₂粉 + 結着剤

電池反応：NiOOH + MH $\xrightleftharpoons[\text{充電}]{\text{放電}}$ Ni(OH)₂ + M

図34　ニッケル水素電池の原理図

なくて、のり巻き状になっている。陽極と陰極の板がセパレータを間に挟んでぐるぐると巻いてあり、それに水酸化カリウム水溶液を染み込ませてある。

　ニッケル水素電池の特徴は、いくつかあるが、まず初電圧がニカド電池と同程度である。これは非常に使い勝手がいい。しかもアルカリマンガン乾電池やマンガン乾電池と互換性がある。マンガン乾電池やアルカリマンガン乾電池は公称電圧は1.5Vであるが、この電池の1.3Vでも1.5Vと比較してたいして差がない。それから電池の密閉が可能である。放電容量がニカド電池の1.5〜2倍もある。充放電サイクルはニカド電池と同等である。ただし現時点では高価である。つまり水素吸蔵合金が高い。今はこの電池が普及し始め、大量に作られる

ようになってきているので、だんだん安くなっている。

　ニッケル水素電池のために開発された水素吸蔵合金の種類をいくつかあげると、$LaNi_5$、ミッシュメタル－ニッケル5（前記の$LaNi_5$のLaを、ミッシュメタルで置き換えたもの）、$TiMn_{1.5}$、$ZrMn_2$、$TiNi$、$MgNi$などである。

§31 燃料電池

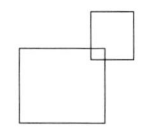

　諸君は燃料電池について本で読んだり、話を聞いたりしたことがあるかもしれないが、それとはちょっと違った見方で勉強しようと思う。燃料電池は原理的には古くから開発されていた。それが最近脚光を浴びたのには色々な理由があるが、その経緯についてまず説明する。

　アルカリ型燃料電池というのがまず出現した。ただし、出現した時には燃料電池とは言われていなかった。起電力が生じたという程度の実験であった。それは、苛性カリ水溶液を電解液として、負極の活物質が水素、正極の活物質が酸素という実験装置を組み立てたグローブという人がいた。1879年にイギリスのウイリアム・グローブという人が構想を出したのだが、その後50年間大きな進歩はなかった。それで50年後にこれをもう1回取り上げた人がいる。その人はフランシス・ベーコンである。1932年に酸素、水素を反応させて電池にするということを意識的に開発した。そしてさらに20年以上の時間がたって、1958年にアメリカのユナイッテッドテクノロジー社という企業が特許権をベーコンから買った。それからさらにまた8年がたって、アメリカが宇宙開発で当時のソ連と競争をしていた。実は1957年に、ソ連の人工衛星が地球の周りを回って、アメリカが大いに悔しがった。私は当時、企業からMITに派遣されて留学していたので、その様子を目の当たりにした。それが動機にな

って、アメリカでNASA（米国宇宙航空局）というのが組織された。当時のアメリカの大統領はJ. F. ケネディーであった。彼は「今から10年後に、月の表面に人間を送り込む」という宣言をした。そしてアメリカでは宇宙開発の研究が大車輪で始まった。米国は1966年に宇宙船アポロに燃料電池を積み込んだ。そしてアメリカ人の宇宙飛行士達が月面に降り立ったのだ。その時の船長のアームストロングという人の言葉が非常に印象的である。「今や人類は大きな一歩を将来に向かって踏み出した。」

　その燃料電池の原理について述べる。図35は水素酸素燃料電池の模式図である。燃料電池の断面図を見ると、電池の容器の中に苛性カリ（K^+、OH^-）の水溶液が入っている。これが電解液である。これが左右に仕切られている。左側の燃料室の中にやってきているのが水素ガスである。右側の酸素極にやってきているのが酸素ガスである。そして外部回路につなぐと、電流・電圧が生

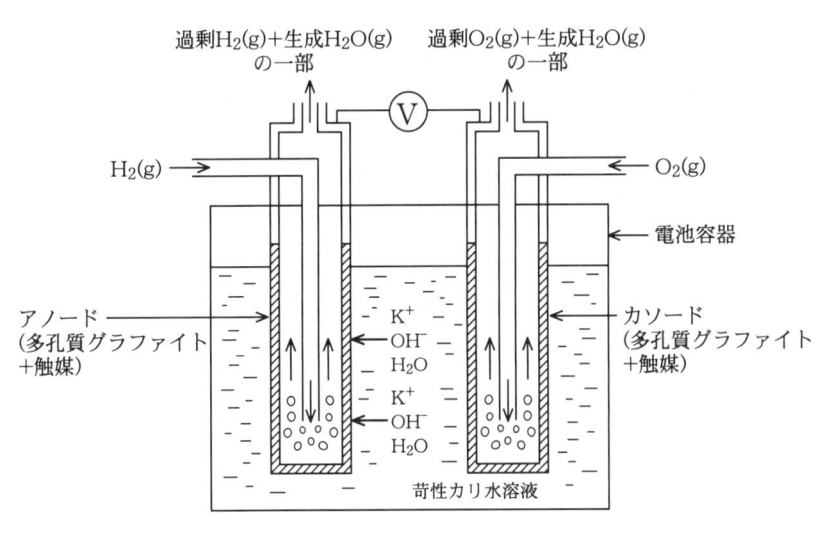

アノード反応：$2H_2(g) + 4OH^- \rightarrow 4H_2O(l) + 4e^-$　　$E^0 = 0.83V$
カソード反応：$O_2(g) + 2H_2O(l) + 4e^- \rightarrow 4OH^-(aq)$　　$E^0 = 0.40V$
全電池反応　：$2H_2(g) + O_2(g) \rightarrow 2H_2O(l)$　　$E^0_{cell} = 1.23V$

図35　アルカリ型水素ー酸素燃料電池の原理図

じる。

　左側の極室はアノードが挿入してある。材質は一般的にポーラスグラファイト＋キャタリストである（多孔質黒鉛に触媒がくっついている）。そして水素がやってくると電解質の水酸基イオンOH^-と結び付いて右の矢印で4モルのH_2Oができる。そしてその時に4モルの電子を放出する。$2H_2O(g)$のgというのはガスという意味であり、$4OH^-(aq)$のaqは水溶液という意味であることは、諸君にとっては常識である。右の矢印で$4H_2O(l)$の(l)はLiquidの意味である。そして4モルの電子を放出する。

　カソードはやはり、ポーラスグラファイト＋キャタリストである。そこに酸素がやってきて水溶液の水と反応し、そこにアノードの方から放出された$4e^-$がやってくる。そうすると$4OH^-(aq)$ができる。それで、アノード反応とカソード反応を足したものが全反応だからこれらを足す。$4OH^-$は左辺と右辺にあるから消去できる。$4e^-$も消去できる。H_2Oも左右両辺にある、ただし、$2H_2O$だけが残る。したがって、正味の電極反応は　$2H_2(g) + O_2(g) \to 2H_2O(l)$

　これでどのくらいの起電力が発生するかというと、p.60のStandard Reduction Potentialと、Standard Oxidation Potentialの表から読み取ることができる。標準状態におけるアノード反応は0.83Vであるし、カソード反応は0.40Vである。全電池反応はアノードとカソードの起電力を足したものであるから、$E^0 = 0.83V + 0.40V = 1.23V$

　現在ではいろんなタイプの燃料電池が開発されている。すなわち、リン酸型燃料電池、熔融炭酸塩型燃料電池、固体電解質型燃料電池、および固体高分子型燃料電池などである。これらは電解質が違うだけである。電解液にKOHというアルカリを使えばアルカリ型燃料電池、リン酸を使えばリン酸型、熔融状態の炭酸塩を使ったのが熔融炭酸塩型である。

　ところが、イギリス人グローブが最初に提案したのはアルカリ型であり、アメリカが宇宙開発に使ったのもアルカリ型である。それならなぜアルカリ型が地球上でその後実用化研究されなかったのかという疑問が生じるだろう。その答えは地球上には空気があり、炭酸ガスもあるからだ。アルカリ（KOH）というものは炭酸ガスをよく吸収する。地球上で使うと炭酸ガスをどんどん吸収し

てしまう。炭酸ガスはH_2CO_3という酸であるから、アルカリとはよく反応するのだ。そして苛性カリが炭酸カリになってしまう。ということで、地球上で苛性カリは使えないということが分かった。一方、宇宙船では、人間の呼気に含まれる炭酸ガスさえコントロールすれば、それ以外に炭酸ガスはないから使えるのである。

　だから地球上では次に、リン酸型燃料電池ができた。リン酸は炭酸ガスを吸収しない。化学反応は同種のもの同士では反応しない。リン酸と炭酸は酸同士だから反応しない。したがって、リン酸が地球上での電解液としてうまく使える。それで現在、基礎研究の次の段階のパイロットや商業化プラントの稼働が定置型用として行われている。

　それから少し遅れて熔融炭酸塩型燃料電池が出てきた。この電池は作動温度が約650℃と高い。熔融炭酸塩として何が使われているかというと、炭酸カリウムと炭酸リチウムの混合熔融塩である。これが高温の熔融状態になっている。それを電解液に使うにはメンテナンスも大変である。リン酸型はせいぜい150℃くらいであるから取り扱いやすいが、熔融炭酸塩型は取り扱いにくい。しかも温度によってセル構造体の寸法が狂ったり、腐食だとかのいろいろな問題が出てくる。

　その後固体電解質型燃料電池が現れてきたが、これは電解質としてジルコニア（酸化ジルコニウム）を使っている。この電池はあまりメリットがない。なぜかというと常温では電解質の伝導度が劣るため、使用時には熔融塩型よりもさらに高温に上げる必要があるからである。ジルコニアというのは伝導度がいい方ではあるが、結晶構造が常温と高温で違うから、温度が上がったり下がったりすると結晶構造が破壊される。それを防ぐために添加物を加えなければならない。酸化イットリウムなどを加えると安定化するということが分かってきた。それでイットリア・スタビライズド・ジルコニア（YSZ）というのが使われている。〜リアとか〜ニアというのは酸化物という意味である。たとえばセリウムの酸化物はセリアで、ランタンの酸化物はランタニアという。また、作動温度が1000℃位ないと伝導性が上がらない。よって発電装置でありながら、多くのエネルギーを消耗することになる。

固体高分子型燃料電池というのが現れた。高分子は高温で使えないからせいぜい60～80℃で使う。プラスチックは本来絶縁体である。それでナフィオンという伝導性プラスチックを使う。商品名ナフィオンで、アメリカでずいぶん以前に開発されたものだ。学問的な名称はテルフルオロスルホン酸系カチオン交換膜だ。カチオン交換膜は陽イオン交換膜ということである。なぜ陽イオン交換膜でなくてはならないかというと、その中をプロトンが移動しなければならないからだ。

　K^+の代わりにH^+すなわちプロトンが移動し、OH^-が反対の向きに移動する。プロトンが動くためにはカチオン交換膜を使う。これはプラスチックだから伝導度を上げるのに関係者がなかなか苦労した。また機械的強度も弱い。しかし軽いというのが1つのメリットである。これが完成すれば自動車に使おうということになっている。前途遼遠だが諸君が将来、技術者として取り組むに足る問題だ、と私は思う。

　ところで、**自動車**に使おうということになっている電池が3つある。リチウム・イオン電池、ニッケル水素電池、固体高分子型燃料電池である。しかし現在では、自動車を動かすだけのパワーが出ないので、エンジンと一緒にしてやろうということになっている。それをハイブリッド型という。

§32 燃料電池による発電システム

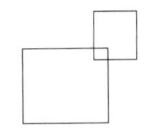

　燃料電池の単位セルを模式的に表現すると、次のようである。すなわち、何枚か平たい板が重なっているような構造になっていて、上下にセパレータがある。上のセパレータの下に冷却管が組み込んである。その下に、燃料ガスがやってくるカーボン極がある。これも板状になっていて、水素が通るように細かい溝が刻んである。さらに、その下の板が電解質マトリックスである。リン酸型の場合、リン酸を含浸させてある。もうひとつその下に正極のカーボンがある。これには、横からやってくる空気の通り道の溝がある。一番下にセパレータがある。これで1つのセットだ。このセットは通常、厚さが6cm程度のものでセルと呼ばれる。このセルが5枚ごとに、1枚の冷却管が入っている。500枚のセルを積層したものをスタックと呼ぶ。これで約250kWである。スタック4機がテストプラントである。よって1000kWとなっている。これが実用化試験に使用されている。

　現在、一番運転実績のあるリン酸型燃料電池を例にとって**発電システムの基本構造**を述べると、①燃料電池本体、②燃料改質装置、③制御装置、および発電した直流を交流にする④直交変換装置である。これが全体のシステムだ。燃料としては都市ガス、メタノール、ナフサなどがある。これが少なくとも3つの装置を経て使えるようになる。まず脱硫器というので硫黄分を除く。燃料ガ

ス中に少しでも硫黄が入っていると、燃料電池の各構成部品に硫黄がくっついて硫化物となり、故障の原因になる。金属硫化物は伝導性がないから発電できなくなってしまう。よって徹底的に硫黄を取り除くような装置、すなわち脱硫器にまず通す。次に改質器に通す。燃料が天然ガス（メタン）であったとすると、これを水素にしなければならない。よってメタンに水蒸気を作用させる。そうすると炭素と酸素が結びついて一酸化炭素になり、水素が遊離される。こういうふうに理想的にいけばいいが、一発ではそうならない。一酸化炭素と、二酸化炭素ができてメタンガスも残っている。こういう混合ガスができてしまう。したがって、このメタンガスは元に戻さなくてはならない。また一酸化炭素があると触媒が被毒する。だからこれを変性器にかけて、触媒の下で一酸化炭素にさらに水蒸気を作用させる。そうすると二酸化炭素と水素になる。初めの水素と後の水素が一緒になって純粋な水素として供給される。そして制御されながら、燃料電池が働き、直流が発生する。これはインバーターで交流にしなければならない。

　天然ガスの代わりに石炭をガス化して使用する方法もある。まずガス化炉によってガス（都市ガス）を発生させる。発生させる時には熱も出るのでそれも回収する。次に燃料のクリーンアップ装置というのがついていて、硫黄分その他を除く。そして燃料電池に燃料を供給する。直流が発生したらインバーターを経て送電線に送る。また燃料電池からの熱を利用して発電も行う。そして排ガスの熱でもガスタービンを回す。結局40〜50％のエネルギー効率になる。これならば従来の火力発電と同等以上の効率であろう。現在の火力発電所の効率は最大42％くらいである。

　日本の燃料電池特許出願推移としては、平成5年頃までは1年間に700件〜800件出ていた。最近ではシステム全体に関する出願が多く、その次に高温固体に関するもので、リン酸、熔融塩、交換膜といったものは一緒にひっくるめても、特許出願競争は終わりに近づいている。

　10年前の平成4年の燃料電池種類別件数を見ると、やはりトップはシステムだった。システムの件数が245、高温固体が215、リン酸が122である。システムが多いということは、燃料電池を稼働させるのに、電池本体だけでなく前

述のようにその付属設備まで併せると工場のような大きな施設になってしまうので、これをなんとかして小さくしようということである。また高温固体に対して出願、公開が多いという理由は、まだ研究段階であるからである。したがって各社が、研究成果をとりあえず特許にしようとしているものと見られる。会社別の統計が公開特許によって分かるから、それを見ればどの会社がどの研究に力を入れてきたかがよく分かる。

　技術的な問題点についてまとめてみると、純度が良好で安価大量の燃料ガスの入手、セル内の燃料ガスの流れの均一化、電極材質と触媒の性能向上、電流密度の向上、電解質の種類、廃熱の処理、運転温度や耐久性、システムのコンパクト化、交流配電系統との連結、その他（規制緩和など）である。

　君達がもし燃料電池の開発を行うとすれば、燃料電池のどの分野の開発を手がけてみたいと思うか？　安置型にしても自動車用にしても、いずれ劣らぬ技術的重要事項の解決のために、若き技術者たちの登場をいまや遅しと待ち望んでいる。

§33 鉄の腐食と防蝕

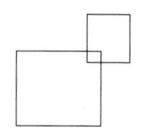

「腐食」の「食」というのは食べるという字である。「防蝕」の「蝕」は蝕まれるという字を書く。図36を見てほしい。つまり、（Ⅰ）のように、ビーカに水を入れておく。そしてその中に鉄片を入れる。そうして数日間放置しておくと、左下の（Ⅱ）のような状態になる。部分的に鉄が溶解して水の中にイオンとなって出ていく。この場合、鉄の2価である。鉄の2価の陽イオンが出ていくということは鉄自身の中にマイナスの電荷が残るということである。模式的に表現すると、2価だから2個の電子が残る。一方、水の中には水素イオンと水酸基イオンがある。水素イオンはプラスの電荷を持っているから、マイナス電荷に引かれて鉄片の方にやってきて、電気的に中性になり水素原子になる。水素原子は1個では存在し得ないから2個がお互いに結合して水素分子になる。

こういう段階を過ぎると（Ⅲ）にいく。空気の中には酸素がある。それで空気中の酸素は既に水の中に溶けてきているのだが、更に溶けて水の中に入っていく。鉄の2価が酸素によって酸化されて、3価になる。そうすると鉄の3価はイオンの状態で単独では不安定であるから、したがって、水酸基イオンと結合して、$Fe(OH)_3$になって鉄の表面に沈着してくる。それからFeOOHにもなり得る。これはオキシ水酸化鉄というものである。一般的にいえば$Fe_2O_3 \cdot$

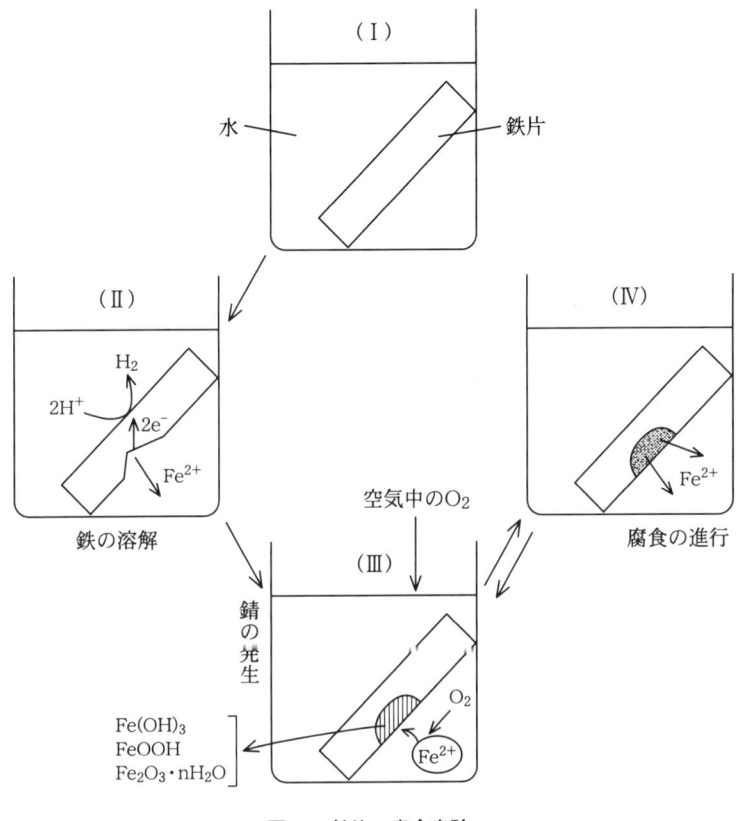

図36 鉄片の腐食実験

nH₂Oにもなり得る。これはFeOOHから考えることもできる。なぜかというと、FeOOHはFe₂O₃·H₂Oに相当するからである（FeOOHの原子の数を2倍してみるとFe₂O₄H₂で、書き直すとFe₂O₃·H₂Oになる）。Fe₂O₃·nH₂Oのn = 1の場合である。このように化学式は数学の式のように取り扱うことができる。

そうなると鉄の水和酸化物は鉄片の表面に沈着する。そして錆ができる。他の部分からも鉄の溶解が進行し得る。つまり(Ⅳ)である。これはまた(Ⅲ)の状態になる。したがって、鉄片の全体が次第に錆びてしまう。

それではこれを防ぐためにはどうすればいいか。答えは水と酸素が鉄に接触することを防げばよい。したがって、鉄板でできた看板にペンキを塗ってある

のは、色彩だけを目的としているのではなくて、防蝕という意味もあることが分かるだろう。また、他の金属でメッキしてある場合もある。

　通常、鉄に対してどんな金属をメッキしているのだろうか。2通りある。亜鉛とスズである。鉄板に亜鉛でメッキしたものをトタンといい、スズでメッキしたものをブリキというのは常識だろう。それぞれの効果にどんな違いがあるのかと思うかもしれないが、その答えを兼ねて図37を見てほしい。

　ある技術翻訳書の中でこういった絵が載っていた。上の方がトタンで亜鉛メッキ鋼板、下の方がスズメッキした鋼板である。それらに傷が入った状態を拡大して描いてある。下地の鋼のところまで傷が入っている状態である。たまたまこれが水に濡れるとする。そうするとこれはとりも直さず一種の電池である。異種金属つまり、亜鉛と鉄、それに電解液（水）がそろえば電池が構成される。その時の活物質の翻訳が間違っている。各自のノートに答えを書いてみてほしい。

　この翻訳書のような間違いを避けるには、次の表6のような関連を頭にたたき込んでおけばよい。もちろん、電池の正極を陽極、そして負極を陰極といっても構わない。

　鉄の腐食を根源から絶つには、水と空気を絶てばいいということになる。空

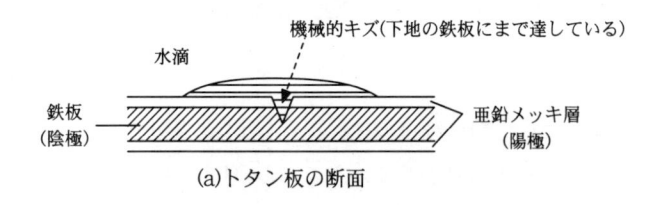

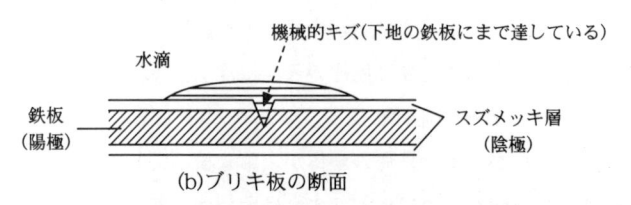

図37　トタン(a)とブリキ(b)の表面に深いキズがついていて、その部分が水で濡れた場合の想定図。この図で両極のネーミングは大丈夫か？

表6　電解と電池の両極の関係

区分＼極性	⊕	⊖
電　解	アノード（陽極）	カソード（陰極）
電　池	カソード（正極）	アノード（負極）

共通事項：アノードでは……酸化される（電子を奪われる）
　　　　　カソードでは……還元される（電子を与えられる）

気を絶つことは難しいが、水を絶つことは、環境条件によってはそれに近い状態になり得る。インドのニューデリー南部にあるイスラム寺院の庭には、直径約40cm、高さ約7.2mの鍛鉄製の柱が立っている。これは1500年間も腐食せずに立っていて、表面が単に酸化されて茶褐色になっているだけである。この辺りの地方が乾燥していて、めったに水に濡れないせいである。空気があっても水がない状態だから、腐食しないままで立っている。水と空気が同時にやってくるともろいが、酸素はあるが水がないという状態であれば、しっかり立っている。逆に、酸素はないが水があるという状態は実現しにくい。深海底はこのような状態かもしれない。

　先の図36のように、鉄片を水に浸漬しておくと、最初から表面全体が均一に錆びるのではなくて、どこからか先に不均一に錆が発生し始める。その理由は、金属は微結晶の集合体から成り立っている、つまり多結晶であるからだ。単結晶ということはあまりない。そうすると結晶の配向の向きや不純物や存在状態の違いで、必ず隣同士で電気的に＋、－が集合した状態になっている。それを局部電池という。一般に金属の表面は均一ではなく多くの電極から成り立っていると考えられる。つまり分散した局部アノード、局部カソードからなる。これに電解液がやってくれば無数に電池が構成されることになる。だから同じ金属でも、ちょっとした状態の違いから局部的に溶解が始まる。

　写真11は金属顕微鏡で見た写真である。真鍮（亜鉛と銅の合金）のテストピースを磨いて、エッチング液で表面を処理し、金属顕微鏡でのぞくとこういう状態が存在している。これは合金だからなおさら均一とはいえない。無数の局部電池の集合体であるということが分かる。

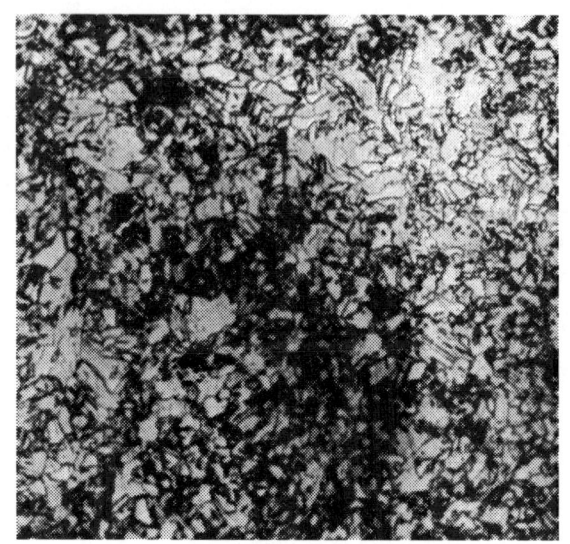

写真11　真鍮テストピースの多結晶粒界の金属顕微鏡写真（100倍）
（エッチング剤：NH$_4$OH + H$_2$O$_2$）

§34 電気防蝕

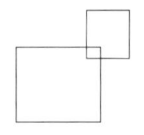

メッキやペンキなどで防蝕処理ができないものがある。大きな鉄の構造物や地下に埋設してある巨大なパイプラインなどがそうである。その場合の防蝕法について説明する。**電気防蝕**という方法がある。この電気防蝕という方法には2通りの方法がある。1つ目が**犠牲アノード法**で**内部電源法**ともいう。地下に鉄管が埋設してあるとする。地下の埋設鉄管に相対して亜鉛もしくはマグネシウムのブロックを埋め込む。そして鉄管とブロックを電気的に結ぶ。そうすると地下には地下水があり電解液の役目をするから、ここで電池が形成される。鉄管、亜鉛、および地下水からなる巨大な電池である。イオン化傾向が亜鉛またはマグネシウムの方が鉄より大きいので先に溶けようとする。そうすると電子が残り、鉄管の方にいこうとする。この場合の鉄管は、電子が亜鉛やマグネシウムより少ないからである。よって、鉄が溶けてFe^{2+}イオンになろうとしても、すかさず電子がやってくるのでFe^0すなわち金属の鉄のままでいることができる。これが犠牲アノード法である。適用例は船舶、海洋構築物、地下埋設管、建築物の基礎部位などである。

2つ目に**外部電源法**というのがある。これは電源が外部にあるだけのことであって、直流電源を外部に置いている。つまり直流発電機で被防蝕物、例えば埋設鋼管に電子を送る。それに対する極は不溶性アノードでないといけない。

グラファイトだとか、鉛合金、酸化鉄などの不溶性のアノードを対極にして、電流を流す。適用例としては、鉄塔、プラント、地下埋設管などである。鉄塔においては内部電源法でもいいが、亜鉛が溶けていって5年か10年に1回亜鉛ブロックを取り替えなければならない。高圧電線が頭上を走っている場所では、この作業は危険である。だから、内部電源法と外部電源方は、対象物や周りの環境によって使い分けをしている。

§35 隙間腐食

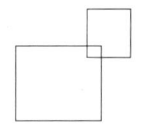

　電池の話に返って、ずっと前に話した濃淡電池の話をもう一度したい。腐食に関係があるからである。図38を見てもらいたい。これは酸素濃淡電池の原理図である。ビーカーに水が張ってあって、真ん中に多孔質隔壁（例えば素焼き板）で仕切ってある。そして左右に鉄棒が1本ずつ突っ込んである。本来なら、両極の金属の種類が同じだから起電力が出るはずはない。ところが、真ん中で仕切ってあって、向かって左側に窒素が吹き込まれており、右側には酸素が吹き込まれている。そうすると、起電力が発生することを示している図である。右側は酸素ばっかりで、左側は酸素がゼロである。酸素の濃度の大小がこれによってできている。そうすると、一般にある物質の濃度の差があれば起電力が発生することについては、諸君は以前に演習で勉強した。その時は水溶液についてであったが、これは気体の場合でも成立する。実際に実験してみると、向かって右側が⊕、左側が⊖である。つまり濃度の大きい側が電池の⊕極（カソード）である。逆に、濃度の小さい側（左側）が⊖極（アノード）になる。金属の場合、酸化されて溶け出す側がアノードである。つまりアノード側の金属が溶け出す傾向があるから、左側の鉄棒が次第に錆びてくる。イオンになって溶け出すということは腐食するということである。

　次の図39の絵は鉄板をボルト、ナットで締めてあるという状態である。そ

```
                窒素 →  ⊖  水  ⊕  ← 酸素
                        鉄棒        鉄棒
                         多孔質隔壁
```

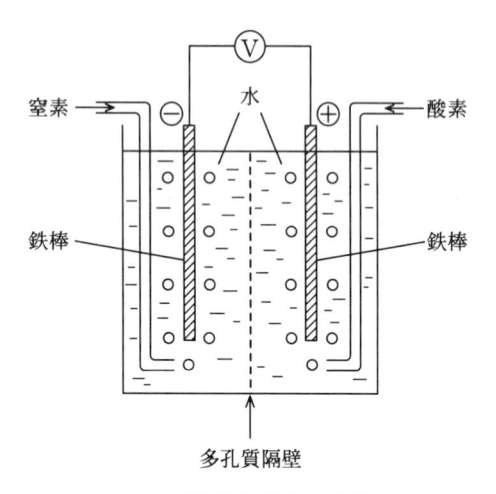

図38 酸素濃淡電池の原理図

うするとボルト、ナットが鉄板に突っ込んである部分に極めて小さいが隙間がある。隙間があるということはそこは空気が少ししか入り込めないから、酸素が少ない。酸素が少ないからアノードの状態になる。つまり隙間の方が、オープンになっている側と比べて鉄がイオンになって溶けだしやすい側になる。つまり隙間の方で腐食が起こりやすい。それを隙間腐食という。だから鉄板をボルト、ナットでしっかり締めてもその隙間から腐っていく。大気に充分触れているところがカソード、隙間のところがアノードである。

　同じようなことが起こる例をいうと、鉄板の上に汚れがあると、汚れのところに酸素が入り込みにくい。したがってアノードになる。クラック（ひび）があれば、ひびの付近までは酸素がやってくるけれども、一般の大気に比べるとひびの中の部分の酸素濃度は低い、したがってそこはアノードになる。同じように、ボイラーのスケール（湯垢）がくっついたところはアノードになる。このようにして酸素濃淡電池ができるような状態に金属が置かれると、そこから腐食が始まる。

　中近東から油を運んできたり、東南アジア諸国から鉱物資源を運んでくる輸送船を考えてみよう。船の海水に浸かっている部分にカキ、貝殻、フジツボ、海草がくっつく。そうするとさっきと同じようなことが起こる。つまり、貝が

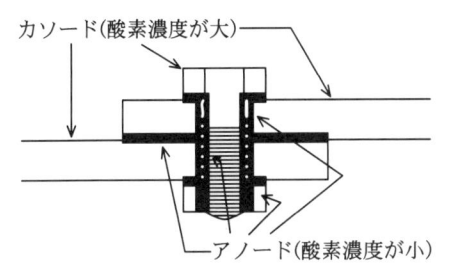

図39　鉄板をボルト・ナットで締め付けてある場合の酸素濃淡電池
(黒色の暗部がアノード側)

くっついたところは酸素濃度が減ってしまい、そうでない部分との比較で酸素濃淡電池ができてしまう。だからそこから船体の鉄が腐り始める。この船が日本に帰ってきたらドックに入って、カキや海草などをかき落とす。それは単にきれいにするという意味ではない。濃淡電池となる原因を取り除くという意味である。そして新たに出発する時にはペンキを塗り直したり、犠牲アノードの亜鉛ブロックなどを新しく取り替える。

§36 電子材料用金属の腐食と対策

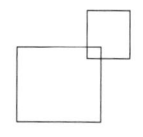

　電子材料の細かい回路の金属が、腐食によっていろいろ痛めつけられることがある。あるいは金属の基体の上のメッキにちょっとしたピンホールやポアが空いている場合がある。そこから腐食生成物がはい上がってくることがある。はい上がる現象をクリープという。ポアとは小さな孔のことである。そこの中を通って腐食生成物がはい上がってくる。端の方も同じような現象が起こる。端はエッジであるからこれをエッジクリープという。
　リン青銅の基体の上にSnが90％、Pbが10％の合金組成でメッキをして長く使っていた場合に、硫化物が発生して、リン青銅硫化物がエッジクリープしてきた例がある。LSIの場合、真ん中にある部分が素子で、それがボンディングワイヤーによって電気的にリードフレームに結合されている。そういった素子搭載板を普通は外界の湿気を防ぐためにエポキシ樹脂で覆っている。しかし、水分はどんな隙間からでもやってくる。また、マイクロウォーター（微細な水滴）がLSI素子の近くに最初から閉じこめられている時もある。空気中の酸素と水があればどんな金属でもやられる。
　腐食の様々なケースについて、材料と損傷の状態を、まとめて話をしよう。電子回路に一番使ってある金属は**銅**である。銅には**被膜形成**という状態が発生する。表面に腐食物の薄皮ができて、接触不良という現象が生じるというわけ

である。要するに、硫黄を含んでいる大気の環境で亜酸化銅（Cu_2O）や硫化銅（Cu_2S）が生成してきて、皮膜を形成する。その場合はRH（relative humidity、相対湿度）とCl_2塩素ガスの影響が大きい。それからクリープも起こる。これは接触不良を引き起こす原因となる。その物質は硫化銅である。マイグレーションという現象も起こる。正確にはエレクトロマイグレーションである。これは回路に電流が流れることによって原子も少しずつ移動していくという現象である。特に最近では配線がとても小さく細かくなってきているから、電流密度の上昇によって、回路を形成している金属の原子まで移動し始める。そういった現象がマイグレーションである。その結果、短絡とか断線などが起こる。銀が一番そういった現象が甚だしいが、銅は銀の場合の5分の1の速さでこういった現象が起きる。それから応力腐食割れも見逃すことができない現象である。すなわち、金属片に絶えず応力がかかって長時間たつと、そこが腐食劣化の原因になる。大きな構造物の場合を例にあげると、石油タンカーなどの輸送船は、絶えず波の応力の影響を受けている。そして海の上で船体が割れてしまうことがある。水素脆化も危険である。つまり水素は一番小さな原子だから、金属原子の間の隙間に潜り込む。そうすると金属がもろくなる。その結果、メカニズムが不良になったり、破損や断線したりする。

　銀については被膜形成があり、これは硫黄分を含む環境でAg_2S硫化銀が表面にできる現象である。その場合、酸化窒素NO_2の存在の影響が大きい。クリープの化学組成はAg_2Sで、クリープ速度が大きい。しかも銀はマイグレーション速度が最大である。銀はそういう点が弱点である。

　ニッケルも被膜形成して、その化学組成は水酸化ニッケル$Ni(OH)_2$である。しかも環境ガスが非常に影響を与える。SO_2（二酸化硫黄亜硫酸ガス）、NO_2（二酸化窒素）、およびCl_2（塩素）の影響が大である。ただし硫黄分の影響は小さい。クリープは起こらない。マイグレーションも少ない。だからニッケルは腐食に対して抵抗力が大きい方である。ただし、隙間腐食は起こる。特に、鉄とニッケルの合金では起こりやすい。

　金は最も錆びにくく、腐食性が少ない金属であると我々は思っているが、高電位下でのアノード酸化が起こり、水酸化金$Au(OH)_3$が生成する。電界が存

在しているということは化学反応を起こす原因がそこにあるということなので、これはしようがない。クリープは金メッキの下地の銅からのクリープがあり得る。マイグレーションへの感受性は小さいが、ハロゲン存在下で起こすことがある。

スズは被膜としてSnO_2ができるが、接触抵抗があまり大きくないからさほど問題とならない。しかもポアクリープしにくい。マイグレーションの感受性も小さい。しかし、環境劣化としてウィスカーやフレッティングという現象を起こす。ウィスカーというのはひげ結晶である。フレッティングというのは細かい振動が起こっているような環境では劣化するということである。

半田は塩化物イオン存在下で、酸化インジウムや、酸化鉛ができる。半田は鉛とインジウムでできているからだ。ポアクリープはしにくい。鉛がマイグレーションしやすいから半田もマイグレーションしやすい。またスズと同じようにフレッティングを起こしやすいし、腐食疲労も起こる。

アルミニウムは封止して使用するが、封止をしたプラスチックの中やプラスチックと基盤の隙間から水分が進入してきたらいけない。比較的反応しやすい金属だということに留意せねばならない。水分不要のエレクトロマイグレーションというのが起こる。塩化物イオン存在下で、**粒界腐食や孔食**を起こす。塩化物イオンは海の水面上にも絶えず漂っている。そういった状況で粒界腐食が起こり得る。金属は多結晶と考えられ、金属多結晶の結晶の境界を粒界というが、そこから腐食が発生することを粒界腐食という。孔食はPitting Corrosionといって、突然ある部分に孔が空いて腐食が進行する。

ICチップの配線部分などは、現在ではものすごく小さくなっている。時の経過とともにアルミ配線の一部分のアルミ金属原子が電流とともに移動して、角のように隆起してくる。あるいは隣同士の配線の間をウィスカーが伸びてきて、短絡してしまうということがあり得る。それから、一部分がマイグレーションによって亀裂が発生したり、穴が空いた付近にこぶができたりするという具合である。原子の並んでいるところへ電子が強制的に中を通っていくから、このような現象が起こる。電流密度は一定でも、年とともに、チップのサイズが小さくなっていけばいくほど、電流密度は大きくなっていく。そういったこ

とで、原子配列が電子の流れによって乱されて、押し流される。それがこぶになったり、ウィスカーになったりする。

エレクトロマイグレーションの発生についてどんな要因が考えられるかというと、まず**導体の材料の違い**による差である。銀が最大で、次に銅、スズ、金の順にマイグレーションしにくくなる。前処理の仕方によってもマイグレーションが左右される。例えば硫化銀、酸化銅、硫化銅、硫化鉛などの被膜形成により、制御可能である。**基材の種類**も影響を与える。すなわち、チップが乗っている基材、例えば紙フェノール基盤がマイグレーションの速度を大きくする。一般的に吸湿性のものほど速度は大である。濾紙は吸湿性が大きいから速度が大きい。紙フェノール基盤の10倍である。それから**導体配置状態**にもマイグレーション速度は関係している。銀については面パターンより点パターンのほうが速度が大である。銅についてはスルーホール間ほど大である。また、**導体間の距離**が50μm以下になると、指数関数的にマイグレーションが速く起こる。湿度が高いほど、マイグレーションが高くなる。汚染物質があると水分の凝縮を促す。水分が凝縮すれば電解が起こる。温度、これについては60℃以下では温度依存性が小さい。

最近はICチップの寸法がどんどん小さくなって、導体の間隔も狭くなっている。例えば1970年代の後半には面積が1500μm^{2}といったものがバイポーラトランジスタでは普通であった。それから数年たったら表面積が800μm^{2}になった。現在では200μm^{2}以下である。その中にベースやエミッターやコレクターがあるから導体間の間隔はどんどん小さくなっている。MOSトランジスター、つまりメタル・オキサイド・セミコンダクターについても同様である。当初は面積900μm^{2}だった。それから数年後に400μm^{2}となり、さらに数年たった1980年頃は50μm^{2}となった。しかも導体の幅が1μmくらいである。アルミニウムの線の幅は1985年頃に0.5μmになったし、2000年以降は0.07μm程度である。

電子機器の腐食をどうやって防ぐかという話に移る。腐食要因としてはまず温度がある。温度の絶対値というよりも温度差が重要である。例として、温度が40℃で相対湿度RHが18%の場合、温度が急に15℃になったとすると、相対湿度は78%まで上がる。そうすると結露が生じて水膜ができる。しかも、RH

が60～70%で金属上への水の吸着量が急上昇する。そうすると、それに比例して金属の腐食速度も急上昇する。

湿度の上昇とともに水分の吸着量が指数関数的に急上昇する。相手の材料がコバルト、鉄、金、銀、アルミナなどの金属酸化物などに関わらず、60～80%の相対湿度で水分吸着量が急上昇する。一方、腐食速度の方は鉄、コバルト、ニッケル、銀についていえば、一番大きいのが鉄である。銀は相対湿度によってあまり腐食速度が左右されない。コバルト、ニッケル、銅はその中間である。

汚染ガス成分についてはどうだろうか。汚染ガスの種類が7種類くらいある。汚染ガスの主な種類としては、亜硫酸ガスSO_2、酸化窒素NO_2、硫化水素H_2S、オゾンO_3、塩酸ガスHCl、塩素ガスCl_2およびアンモニアガスNH_3である。Riceらによると[注]、空気1 m³当たりの質量をμgで表せば、屋外で二酸化硫黄と亜硫酸ガスは3～185である。NO_2は20～160である。硫化水素H_2Sは0.1～36、オゾン10～90、塩酸ガスHClは0.3～5であり、塩素ガスCl_2は、HClの約5%がCl_2の濃度である。そしてアンモニアが6～12である。

一方、屋内では二酸化硫黄は1～40μg／m³というデータで、屋外の値に比べて減っている。NO_2は3～60、硫化水素は0.2～1、オゾンが7～65である。塩酸ガスは0.08～0.3、塩素ガスが0.004～0.015、そしてアンモニアが10～50である。

ここまでのデータを検討してみよう。これでどういうことが分かるだろうか。汚染ガスの種類7種のうち、屋外に一番たくさんあるのは下限でいうとNO_2、酸化窒素である。上限でいうと亜硫酸ガスである。オゾンも意外に多い。これらはなぜ多いのだろうか。SO_2はガソリンの中の硫黄成分からきており、火力発電所の排気ガスにも重油から入ってきている。NO_2も同様で自動車の燃焼ガスが主である。オゾンはどうだろうか。紫外線によってオゾンが発生する可能性もあるだろうし、海岸付近はオゾンが多い。また自動車排気ガスの中にもオゾンの一種と考えられている過酸化物が入っている場合がある。

屋内ではそれらはかなり小さくなっていることが分かる。半分以下になって

注：D. W. Rice, R. J. Capell, P. B. P. Phipps and P. Peterson: in "Atmospheric Corrosion," ed. W. H. Ailor, Wiley Interscience, 1982, p. 651.

いる。塩酸ガスなどは約1桁程度低くなっている。こうやって見ていくと、屋内では汚染物質をある程度避けることができるといえる。例外もあって、むしろアンモニアガスは部屋の中の方が多い。アンモニアは人間が発生原因であるからである。人間の排泄物から発生している。

電子機器の防蝕対策としてどういうふうな手段があるか。①環境の改善、つまり外気遮断、腐食性ガスと塵埃除去用のフィルターを設置する、除湿装置の設置、海に面した入口などを開放しない、などである。②電子部品への対策、製造後の部品の完全洗浄、有害成分の低いプラスチックや絶縁材の使用、LSI封止用の樹脂の改良（樹脂を改良し水分を中に吸い込まないようにする）。③材料の耐食性の改善、これには、(a) 酸化ケイ素SiO_2などで保護膜をする、(b) 金メッキをする、および(c) 電子材料自体の新しい合金などを開発する、などがある。

あと2つくらいの項目があり得る。それは④付着微粒子である。付着微粒子はどんなものがあるかというとまずSiO_2の粒子だ。径が5～60μm程度のものが問題である。それから人間が発生するダスト、つまりフケ、咳の飛沫などである。それから空気中の浮遊微粒子、これは砂の粉塵や硫酸塩、硝酸塩、アンモニウム塩、カルシウム塩、それから海塩粒子などによって電子機器がやられてしまう。こういうものはフィルターでないと取り除けない。

それから⑤部品自体に起因する腐食因子。例えば製造時のフラックス残渣だ。半田付けするときにフラックスを使う。フラックスというのは一種の激しい薬品だから腐食作用がある。そういうものが残っていたら、あとあと、部品の腐食を促進するなどの面倒なことになる。それからメッキ薬品も洗って取り除いておかなくてはならない。エッチング液や残渣、そのようなものが残っていると腐食要因になる。密閉容器や絶縁材からの有害蒸気によっても腐食される。それから封止材料から結露水に溶出する不純物イオンも腐食要因の一つである。稼働中に電子機器に印加される電圧、これはやむを得ないものであるが、その電圧によってマイグレーションなどが起こってくる。このようなことに気を付ければ完璧だというわけではないが、できるだけ腐食を防止する努力を払わなければならない。

§37

Mean Time To Failure (MTF: 故障に至るまでの平均時間)[注]

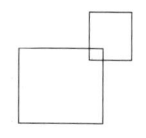

　腐食以外にもいろんな原因があって、機械装置や電子機器装置などは、ある日必ず故障に至る。平均してどれ位の時間で故障するかというと、いろんな原因があるから一概にはいえないが、統計的に考え方が示されている。

　第36章の話でもあったように、ICチップの電気回路はものすごく微細化の方向にいったので、電流密度が非常に大きくなってきている。IC回路のアルミ箔の内部結線電流密度が、$10^4 A/cm^2$ 以上になるとたいていの金属はジュール熱でフューズのように溶けてしまう。コンピュータが開発された初期には、ICの内部結線の幅が約 $5\mu m$、厚さが約 $1\mu m$ になると、しきりに断線していた。10セントのフューズを保護するために100ドルのコンピュータが犠牲になったという珍妙な現象がしばしば起こった。そういう現象があっても、当時の技術では原因が分からなかった。しかし次第に、エレクトロマイグレーションなどが故障の原因であるということが判ってきた。エレクトロマイグレーションは高電流密度の電子の圧力による原子の移動である。そういった原因による平均寿命というものに対する統計学的な検討が行われた結果、MTFは次のような式で表されることが分かってきた。

　　注：本項は、Milton Ohring, "Engineering Materials Science," Academic Press, 1955, pp. 772-776 の記述によるところが大きい。

§37 Mean Time To Failure (MTF: 故障に至までの平均時間)

$$(MTF)^{-1} = K_2 [\exp(-E_e/kT)] J^n \quad \cdots\cdots (28)$$

エレクトロマイグレーションの活性化エネルギーがE_e、kはボルツマン係数である。$k = 8.63 \times 10^{-5} eV/K$で、Jは電流密度で単位は$A/cm^2$である。MTFは時間hで表す。このような簡単な式でかなりの問題が解ける。その一例を示す。

MTFに関する例題

ICチップの導線の寿命テストを行った例を紹介しよう。実験条件としては150℃における加速寿命テストで、電流密度は$3 \times 10^6 A/cm^2$であった。その結果、100時間で断線してしまった。原因は導線にエレクトロマイグレーションが発生していることが、後から顕微鏡で観察することによって分かった。そういうデータが得られたというわけである。

これと同一サンプルを$4 \times 10^5 A/cm^2$で使用して、2年間断線事故がないように望みたい。とすれば使用温度は最高で何℃とすべきか。ただしエレクトロマイグレーションの活性化エネルギーを0.6eVとし、Jのべき数nの値をn = 2とする。

<解>

$$(MTF)^{-1} = K_2 [\exp(-E_e/kT)] J^n$$

において、(a)は2年間の意味を表し、(b)は100時間の意味を表すとして、次のような比をとると、K_2は消去できる。

$$\frac{[MTF(a)]^{-1}}{[MTF(b)]^{-1}} = \frac{[\exp(-E_e/kT_a)] J_a^n}{[\exp((-E_e/kT_b)] J_b^n}$$

(a)と(b)でそれぞれのMTFを表している。ここで、右辺のT_aが求める温度、分母の$T_b = 423K$、2年間というのは$2 \times 24 \times 365 = 17520h$だから、n = 2を代入すれば、

$$\frac{[17520]^{-1}}{[100]^{-1}} = \frac{[\exp(-0.6/8.63 \times 10^{-5} \times T_a)](4 \times 10^5)^2}{[\exp(-0.6/8.63 \times 10^{-5} \times 423)](3 \times 10^6)^2}$$

ここでT_aだけが未知数として残り、この式を解くと、$T_a = 395K$、摂氏122℃である。

電流値の大きさや使用温度が製品寿命の支配的因子になるような場合に、このような考え方が適用できるといわれる。例えば電球のフィラメントの寿命などがそうである。

§38 環境技術にも必要不可欠の電気化学

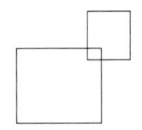

　酸素濃淡電池は腐食のような悪いことばかりするわけではない。よい仕事もしてくれる。その例を1つ紹介しよう。**自動車用ジルコニアセンサー**で、排気ガス浄化用の触媒が最適条件で作動するように空気とガソリンの混合比を保つ役目をしている。このセンサーは、酸素濃淡電池の原理を使っている。大気中の酸素の濃度は一定で、自動車排ガス中の濃度は燃焼に酸素を使っているので酸素濃度が薄い。そこで酸素の濃淡ができる。ジルコニア板を隔壁として両方に白金電極でその起電力を取り出せば、ネルンストの式に準じた式が成り立つ。つまり、図40のような模式図で、ジルコニア板の両側の電極界面で、酸素は

$$O_2 + 4e^- \rightleftarrows 2O_0^{2-}$$

ただし、O_0^{2-}はジルコニアの酸素イオンの格子位置にあるO^{2-}の意である。すると、両側の電極間に発生する電位は

$$E \simeq \frac{RT}{4F} \ln (PO_2^{II}/PO_2^{I}) \quad \cdots\cdots (29)$$

である。

　この場合、PO_2^{II}が外気の酸素分圧で、PO_2^{I}が排気ガス中の酸素分圧である。

大気の中の酸素分圧が常に大きいはずだから、Eの値は必ず正の値として出てくる。ということは、酸素の量をガソリンに対して増やしていけば、あるところでlnの分子と分母がほとんどイコールになる。そこでストンとE≃0に落ちてしまう。その少し前のところが、酸素が十分にあって未燃焼のハイドロカーボンや一酸化炭素を十分に燃やし、かつNO_xもある程度浄化できるような空燃比（空気と燃料の混合比）だ、ということになる。そのためのインディケーターとして、センサーが作動している。

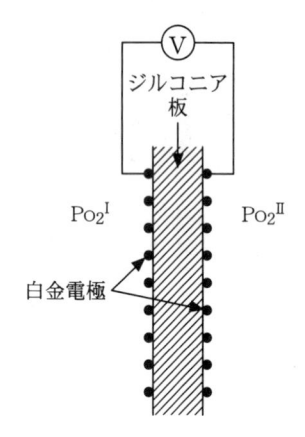

図40 ジルコニア隔壁左右の酸素濃淡電池

電気化学はさきに説明した各種の電解にとどまらず、このように防蝕や電池など、諸君の日常生活にも深い関係がある。環境汚染防止への電気化学の応用例もある。発電所では特に行われているが、海水電解装置というのがある。**海水を無隔膜で電気分解して、次亜塩素ソーダ（NaClO）を発生させ、微生物や貝殻などの発生や付着を防止する**のである。排水の配管などにカキや藻などがくっついて流体抵抗を大きくしたり、酸素濃淡電池の原理による「隙間」腐食などを起こすことがあるので、なるべく起こらないようにする工夫がこれである。発電所臨海工業地帯の各種プラントの排水浄化、プールや水族館等の水の鮮度維持、上下水道の滅菌消毒などの用途にこの原理が使われている。

海水もしくは食塩水からNaClOを作りたい場合には、隔膜をはずして何もない状態でタンクの中に海水を入れて直流を流せばよい。そうするとNaClOができることによって強力な酸化作用が生じる。酸化作用というのは殺菌作用であり、漂白作用である。それで有機物を含んだ排水を処理することができる。

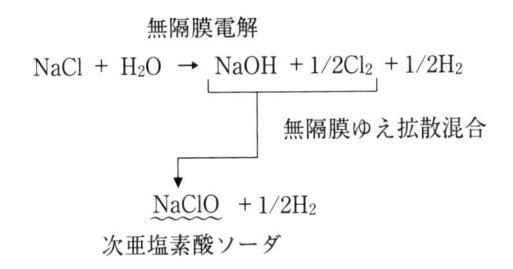

簡単な化学式で説明すると、

$$\text{NaCl} + \text{H}_2\text{O} \xrightarrow{\text{無隔膜電解}} \underline{\text{NaOH} + 1/2\text{Cl}_2} + 1/2\text{H}_2$$

無隔膜ゆえ拡散混合

$$\downarrow$$

$$\underline{\text{NaClO}} + 1/2\text{H}_2$$
次亜塩素酸ソーダ

結局、

$$\text{NaCl} + \text{H}_2\text{O} \rightarrow \underline{\text{NaClO}} + \text{H}_2 \quad\cdots\cdots\cdots\cdots\cdots\cdots(30)$$
（強力な酸化剤）

最近、トイレなどもこれで殺菌している例がある。

つまり、家庭用の食塩水電解槽というのがあって、タンクの中に食塩水を入れておいて外部から直流電源をかける。そうすると上の反応が起こって、次亜塩素酸ソーダができる。これを別のタンクに一旦貯めておく。これは、いわば消毒液である。そして生活廃水を濾過する必要があれば、いったん濾過した後、上の次亜塩素酸ソーダを含む食塩水（または海水）を反応槽中で混合し、強力な酸化作用によって有機物を撲滅して放流する。そうすると細菌やプランクトンなどの微生物は死滅する。このようにして、電気化学の原理が工場の廃水や生活排水の消毒殺菌に使われている。

参考書および資料

1) 太田雅慶編「ふるさとの想い出写真集 竹原」、図書刊行会、昭和60年。
2) 欧州原子力ダウンストリーム調査団「欧州における原子力ダウンストリームに関する調査報告書」、昭和52年10月。
3) 深海底鉱物資源開発協会「マンガン団塊の製錬技術調査研究報告書」、昭和56年3月。
4) 佐藤公彦、森本剛「無機プロセス工業」、大日本図書、1996年。
5) Keith Scott, "Electrochemical Processes for Clean Technology," Royal Society of Chemistry, 1995.
6) George T. Austin, "Shreve's Chemical Process Industries, Fifth Edition, International Student Edition," McGraw-Hill, 1984.
7) 日本化学会編「化学便覧 応用編、改訂3版」、丸善、昭和55年。
8) 日本化学会編「実験で学ぶ化学の世界4、無機物質の化学・化学の応用」、丸善、平成8年。
9) 伊藤要「無機工業化学概論」、培風館、1990年。
10) 西川精一「金属工学入門 第一編 金属の基礎」、アグネ技術センター、昭和62年。
11) 日本鉛亜鉛需要研究会「亜鉛ハンドブック（改訂版）」、平成6年。
12) W. L. Masterton and E. J. Slowinski, "Chemical Principles," W. B. Saunders Co., 1966.
13) Uno Kask and J. David Rawn, "General Chemistry," Wm. C. Brown Publishers, 1993.
14) P. W. Atkins and J. A. Beran, "General Chemistry, Second Edition," Scientific American Books, 1990.
15) 梅棹忠夫他監修「日本語大辞典」、講談社、1992年。
16) 大島紬観光公園パンフレット、鹿児島県奄美大島。
17) Kenneth W. Whitten, Raymond E. Davis, and M. Larry Peck, "General Chemistry with Qualitative Analysis, Sixth Edition," Saunders Publishing Co., 2000.
18) 芳尾真幸、小沢昭弥「リチウムイオン二次電池 材料と応用」、日刊工業新聞社、1996年。
19) 燃料電池発電システム編集委員会編、「燃料電池発電システム」、オーム社、1992年。
20) Lawrence H. Van Vlack, "Elements of Materials Science and Engineering, Sixth Edition," Addison-Wesley Pub. Co., 1989.

21) 腐食防食協会編「材料環境学入門」、丸善、平成5年。
22) Milton Ohring, "Engineering Materials Science," Academic Press, 1955.
23) 清山哲郎「化学センサ」、共立出版、1987年。

索　引

[A～Z]

Braggの式 ……………………… 38
Dimensionally Stable Anode …………… 13
Electrolytic Manganese Dioxide ………… 106
EMD ……………………………… 106
half reaction ……………………… 61
Heavy discharge ………………… 113
HM比 ……………………………… 136
Insoluble電解 …………………… 59
Light discharge ………………… 113
Reaction Quotien ………………… 83
Redox Reaction …………………… 84
SiO_2の含有量 …………………… 67
Soluble電解 ……………………… 59
SOP＋SRP ………………………… 82
SRP－SRP ………………………… 82
YSZ ……………………………… 145

[ア行]

亜鉛インゴット …………………… 57
亜鉛缶 …………………………… 99
亜酸化鉛 ………………………… 122
アセチレンブラック ……………… 98
アトマイズ装置 ………………… 112
アノード酸化 …………………… 161
網目構造形成成分 ………………… 34
網目構造修飾成分 ………………… 34
アルカリマンガン乾電池 ………… 110
アルキャン法 …………………… 73
アルミナ ………………………… 64
アルミニウム …………………… 162
アルミニウム粗合金 ……………… 74
アルミン酸ソーダ ………………… 66

アルミン酸ナトリウム …………… 3
イオン化傾向の差 ………………… 58
イオン交換膜 …………………… 5
1次電池 ………………………… 96
イットリア・スタビライズド・
　ジルコニア …………………… 145
印加電圧 ………………………… 38
インサイド・アウト …………… 112
インターカレーション ………… 134
隠蔽力 ………………………… 116
ウィスカー …………………… 162
エレクトロマイグレーション …… 161
塩化亜鉛型 ……………………… 98
塩化カルシウム＋炭酸ソーダ …… 28
塩化ナトリウム ………………… 4
塩化マグネシウム ……………… 23
塩橋 …………………………… 78
塩素 …………………………… 11
鉛丹 …………………………… 122
塩田 …………………………… 4
鉛粉 …………………………… 122
黄銅鉱 ………………………… 42
応力腐食割れ ………………… 161
大島紬 ………………………… 118
オキシ水酸化鉄 ……………… 150
屋内 …………………………… 164
汚染ガス成分 ………………… 164

[カ行]

カーボネーション ……………… 28
海外から塩を輸入 ……………… 6
改質器 ………………………… 148
海水淡水化装置 ………………… 5
海水マグネシア ………………… 22

索 引 175

回折現象 ……………………… 39	結晶水 ……………………… 23
回転乾燥器 …………………… 23	原単位 ……………………… 18
回転衝撃粉砕機 ……………… 44	鉱山 ………………………… 42
外部電源法 …………………… 155	格子定数 …………………… 40
開路電位 ……………………… 101	孔食 ………………………… 162
隔膜法 ………………………… 12	構造モデル図 ………………… 34
苛性ソーダ …………………… 11	コークス …………………… 48
ガラス ………………………… 30	固体高分子型燃料電池 ……… 146
仮焼 …………………………… 26	固体電解質型燃料電池 ……… 145
軽焼きマグネシア …………… 21	コンデンサー ………………… 57
過冷却の液体 ………………… 30	
岩塩 …………………………… 7	[サ行]
含銀鉱石 ……………………… 48	採鉱品位 …………………… 42
間欠放電 ………………… 102, 113	サルフェーション ………… 127
還元反応 ……………………… 55	三重効用缶 ………………… 6
乾式精練法 …………………… 55	シード ……………………… 66
乾式法 ………………………… 55	塩 …………………………… 4
かん水 ………………………… 6	自触反応 …………………… 124
顔料 …………………………… 116	示性X線 …………………… 38
犠牲アノード法 ……………… 155	シックナー ………………… 22
生石灰（CaO） ……………… 22	湿式精練法 ………………… 57
生石灰 ………………………… 27	湿式法 ……………………… 55
ギブサイト型 ……………… 3, 67	湿度 ………………………… 163
起泡剤 ………………………… 46	自動車 ……………………… 146
局部アノード ………………… 153	自動車用ジルコニアセンサー … 169
局部カソード ………………… 153	自発性 ……………………… 86
局部電池 ……………………… 153	灼熱減量 …………………… 67
金 ……………………………… 161	重質ソーダ灰 ……………… 30
銀 ……………………………… 161	終止電圧 …………………… 101
金属水素化合物 ……………… 135	自由水 ……………………… 23
金属マグネシウム …………… 22	重炭酸アンモニウム ……… 27
クラーク数 …………………… 2	重炭酸ソーダ ……………… 26
クリープ ……………………… 160	重炭酸ナトリウム ………… 26
クリスタルガラス …………… 32	集電体 ……………………… 100
軽質ソーダ灰 …………… 27, 30	重放電 ……………………… 113
軽放電 ………………………… 113	重量% ……………………… 136
結晶化ガラス ………………… 33	種子 ………………………… 66
結晶系 ………………………… 39	焼鉱 ………………………… 56

消石灰	27	ソルベー塔	28
食塩電解	11	ソルベー法	26
除銅および除カドミウム反応	57		
除鉄反応	57	**[タ行]**	
シルミン	74	ダウンズ法	18
真空濾過器	22	多重効用缶	6
浸出液	57	脱硫器	147
浸出反応	57	種板	51
親水性	46	単位格子	40
水素過電圧	59, 62	炭酸化	28
水素吸蔵合金	135	炭酸カルシウム＋食塩	28
水素酸素燃料電池	143	炭酸水素アンモニウム	27
水素脆化	161	炭酸水素ナトリウム	26
水素貯蔵合金	135	炭酸ソーダ	26
隙間腐食	158	単色X線	37
スズ	162	タンニン鉄	119
スタック	147	地殻	2
スライム	51	チャレンジャー号	7
スラリー	22	中間粉砕機	43
寸法安定性陽極	13	超微粉砕機	44
正極合剤	99, 100	ツァッカリアーゼン	34
精鉱	46	DSA	13
清浄工程	57	定抵抗放電	128
ゼーダベルグ式	69	定電流放電	128
石英ガラス	33	テストプラント	147
赤泥	66	鉄媒染法	119
石灰石	48	電解	12
石灰乳	27	電解工程	58
セパレータ	100	電解採取	58, 59
セル	147	電解精製	48, 59
ゼロ・ギャップ	16	電解二酸化マンガン	106
閃亜鉛鉱	55	電解二酸化マンガン製造工程	105
ソーダ工業	11	電解尾液	105
ソーダ石灰ガラス	32	電気亜鉛	58
ソーダ灰	26	電気銅	51
粗砕機	43	電気透析法	5
疎水性	46	電気分解	12
粗銅	49	電気防蝕	155

索引　177

電池ダイアグラム ………………… 81
天満 ……………………………… 103
電満 ……………………………… 103
電流効率 ………………………… 53
電力原単位 ……………………… 6
転炉 ………………………… 48, 49
銅 ………………………… 42, 160
銅鉱石 …………………………… 48
透明石英ガラス ………………… 36
特性X線 ………………………… 38
ドラムフィルター ……………… 22
泥染め ………………………… 119
ドロマイト ……………………… 22

[ナ行]

内部電源法 …………………… 155
ナフィオン ……………………… 15
鉛ガラス ………………………… 32
鉛バッテリー ………………… 126
にかわ …………………………… 51
二酸化マンガン ………………… 99
2次電池 ………………………… 96
ニッケル ……………………… 161
ニッケル・カドミウム電池 … 129
ニッケル水素電池 ……… 135, 139
ネルンストの式 ………………… 83
粘土 ……………………………… 2
燃料電池 ……………………… 142
燃料電池特許出願推移 ……… 148
濃淡電池 ………………… 92, 157
のり液 ………………………… 100

[ハ行]

バート・フィルター …………… 57
焙焼反応 ………………………… 55
媒染法 ………………………… 118
ハイブリッド型 ……………… 146
バイヤー法 ……………………… 67

箱形乾燥器 ……………………… 23
発電システムの基本構造 …… 147
バランス産業 …………………… 11
半田 …………………………… 162
半電池 …………………………… 81
反応商 …………………………… 83
半反応 …………………………… 61
非化学量論的化合物 ………… 107
微粉砕機 ………………………… 44
被膜形成 ……………………… 160
標準型蒸発がま ………………… 23
標準還元電位 …………………… 81
標準酸化還元電位 ……………… 61
標準酸化電位 …………………… 81
標準電極電位 …………………… 61
フィラメント …………………… 38
複合材料 ………………………… 33
付着微粒子 …………………… 165
不定形のケイ酸塩化合物 ……… 30
不透明石英ガラス ……………… 36
浮遊選鉱 ………………………… 45
不陽性陽極 ……………………… 58
プリベイク式 …………………… 69
フレッティング ……………… 162
粉砕 ……………………………… 43
閉路電位 ……………………… 101
ベーマイト型 ………………… 3, 67
ヘッド差 ………………………… 12
ペンキ ………………………… 151
ホウケイ酸ガラス ……………… 32
放電曲線 ……………………… 101
放電持続時間 ………………… 101
放電寿命 ……………………… 101
ボーキサイト ………………… 3, 64
ボールミル ……………………… 44
捕集剤 …………………………… 46

[マ行]

- マイグレーション ………………… 161
- マグネシア・クリンカー ………… 21
- マグネシウムインゴット ………… 23
- マンガン・ノジュール …………… 7
- マンガン乾電池 …………………… 96
- マンガン団塊 ……………………… 7
- 脈石 ………………………………… 46
- ミラー指数 ………………………… 40
- 無機顔料 …………………………… 118
- 無機有色顔料 ……………………… 122
- 面心立方と六方晶系は原子の最密充填構造 ………………………………… 40

[ヤ行]

- 有機顔料 …………………………… 118
- 有機金属化合物顔料 ……………… 118
- 陽イオン交換膜法 ………………… 15
- 陽極 ………………………………… 38
- 陽極泥 ……………………………… 51
- 溶鉱炉 ……………………………… 48
- 熔融塩電解 ………………………… 23
- 熔融塩の状態で食塩を電気分解 … 18
- 熔融金属マグネシウム …………… 23
- 熔融炭酸塩型燃料電池 …………… 145
- 熔錬 ………………………………… 50

[ラ行]

- 粒界腐食 …………………………… 162
- 流下式 ……………………………… 5
- 硫酸工場 …………………………… 49
- リン酸型燃料電池 ………………… 145
- ルクランシェ乾電池 ……………… 96
- ルシャトリエ・ブラウンの法則 … 21
- レーキ ……………………………… 22, 118
- 連続放電 …………………………… 114
- ロッキングチェア型の電池反応 … 134

■著者略歴

宮﨑　和英（みやざき・かずひで）
1931年12月　長崎に生まれる
1953年3月　九州大学工学部応用化学科卒業
1955年3月　九州大学大学院応用化学専攻修士課程修了後、ただちに三井金属鉱業（株）入社
1957年9月　会社より派遣され1年間、米国マサチュセッツ工科大学留学（現Department of Materials Science and Engineering）
1972年7月　技術士（化学部門）、工学博士
1976年4月　三井業際研究所MIT専門委員会常任委員を兼務
1981年2月　三井金属鉱業（株）電池材料研究所を創設、初代所長
1985年4月　同社中央研究所所長
1986年4月　同社理事
1990年4月　福岡大学工学部教授
1991年4月　同大学院教授を兼任
1999年4月　同大学評議員
2002年3月　定年退職、引き続き同大学院非常勤講師（現在に至る）

主な著書
『二酸化マンガンと電池（分担執筆）』（日本乾電池工業会、1971年）
『資源・エネルギーの技術英語表現』（地人書館、1980年）
『技術ディスカッションの英語表現　増補版』（地人書館、1993年）
『突然ですがヨハネ伝――日・英・独語比較考察』（花書房、1999年）
『エジソン以前の研究開発者たち――そのダイナミズム』（アイピーシー、2001年）

ものつくりの無機化学

2002年10月30日　初版第1刷発行

■著　者――宮﨑　和英
■発行者――佐藤　正男
■発行所――株式会社　大学教育出版
　　　　　〒700-0953　岡山市西市855-4
　　　　　電話(086)244-1268(代)　FAX(086)246-0294
■印刷所――互恵印刷（株）
■製本所――日宝綜合製本（株）
■装　丁――ティー・ボーンデザイン事務所

© Kazuhide Miyazaki 2002, Printed in Japan
検印省略　　落丁・乱丁本はお取り替えいたします。
無断で本書の一部または全部を複写・複製することは禁じられています。

ISBN4-88730-496-X